会 讲 故 事 的 童 书

了不起的中国建筑

我们的古建筑

党高丽 著
红方块绘本工作室 绘

北京体育大学出版社

责任编辑：殷　亮
责任校对：刘万年

图书在版编目（CIP）数据

了不起的中国建筑．我们的古建筑 / 党高丽著；红方块绘本工作室绘．-- 北京：北京体育大学出版社，2023.11

ISBN 978-7-5644-3818-0

Ⅰ．①了… Ⅱ．①党… ②红… Ⅲ．①古建筑－建筑艺术－中国－少儿读物 Ⅳ．① TU-092

中国国家版本馆 CIP 数据核字 (2023) 第 206542 号

了不起的中国建筑　我们的古建筑
LIAOBUQI DE ZHONGGUO JIANZHU　WOMEN DE GU JIANZHU

党高丽　著
红方块绘本工作室　绘

出版发行：北京体育大学出版社
地　　址：北京市海淀区农大南路 1 号院 2 号楼 2 层办公 B-212
邮　　编：100084
网　　址：http://cbs.bsu.edu.cn
发 行 部：010-62989320
邮 购 部：北京体育大学出版社读者服务部 010-62989432
印　　刷：天津旭非印刷有限公司
开　　本：889 mm × 1194 mm　1/16
成品尺寸：215 mm × 275 mm
印　　张：10.25（总）
字　　数：108 千字（总）
版　　次：2023 年 11 月第 1 版
印　　次：2023 年 11 月第 1 次印刷
定　　价：138.00 元（全二册）

目录

第三章 园林建筑

第四章 坛庙、宗教及陵墓建筑

第五章 城市设施性建筑及其他建筑

原来这就是古建筑

什么是建筑

战国

战国时期（公元前476年—前221年），庭院式的木架夯土建筑、大型的宫殿建筑、军事防御设施相继出现，家、国都有了边界，中国古代建筑的雏形也慢慢形成。

商

中国被公认为最早的浮桥发源地。《诗经》就记载了关于周文王想亲自到渭水之滨，娶太姒为妻，为此特在渭水上架起一座浮桥的故事。

隋与唐

隋唐时期（公元581—907年），中国封建社会的经济水平处于世界领先阶段，当时的建筑水平也得到了很好的提高，建筑风格恢宏大气。同时，这一时期的建筑也突破了单一性，具有了城市规划性。

建筑，是人们用泥土、砖、瓦、石材、木材等材料构成的一种供人居住和使用的空间。建筑既是房子，又不仅仅是房子。建筑见证了人类对自然的克服与改变，是人类一切创造中最庞大、最复杂，同时也最耐久的一类。它集功能、技术、历史、习俗、艺术于一体，既坚固、实用，又美观、持久。

中国古建筑的形式与风格在漫长的历史中不断变化，沿着中华文明发展的时间轴线，建筑从最初遮风挡雨、避寒取暖的简单居所，逐步演变为具有象征意义和审美意味的艺术形象。

它们是人类文明的瑰宝，人类智慧的结晶。它们有着最绚烂的故事，也有着最优美的语言。

宋

两宋（公元960—1279年）的建筑风格以细腻纤巧为主，建筑的审美迈上了令人瞩目的新台阶。

秦与汉

秦始皇统一六国之后至汉末（公元前221—公元220年），规模宏大、组合多样的大屋顶建筑风格正式形成，并被运用于都城、宫殿、坛庙和陵墓之上。

三国两晋南北朝

三国两晋南北朝时期（公元220—589年），佛教传入中国，随着石窟建筑的兴盛，文化与建筑的合鸣也为后世带来无数惊喜。

明与清

明清时期（公元1368—1911年），建筑风格以规模宏大、气势雄伟惊艳世人。

怎么才能知道它是古建筑

在中国古代，建筑被看作一种“匠艺”。

大至一宫一殿，小至一宅一院，都离不开匠人们历时多日甚至数年的精心雕琢。一砖一瓦，一榫一卯，一转一折，都凝结着匠人文化的精粹。

中国古建筑，就像一幅卷轴画。我们要慢慢展开，一点点观赏，才能领会其中的奥妙与神奇。

但是，在没有打开这幅画之前，怎样才能一眼分辨它就是古建筑呢？其实每个古建筑都是会说话的，我们一起来听听它们都怎么说……

崇厚高大的建筑台基

每个古建筑的台基，犹如人的双足，承托着屋身。

如果要确定建筑的等级，可以观察台基的尺度。一般来说，台基的复杂程度和体积可以凸显出这个建筑的等级，越复杂、越大的台基，表明此建筑的地位越尊贵。

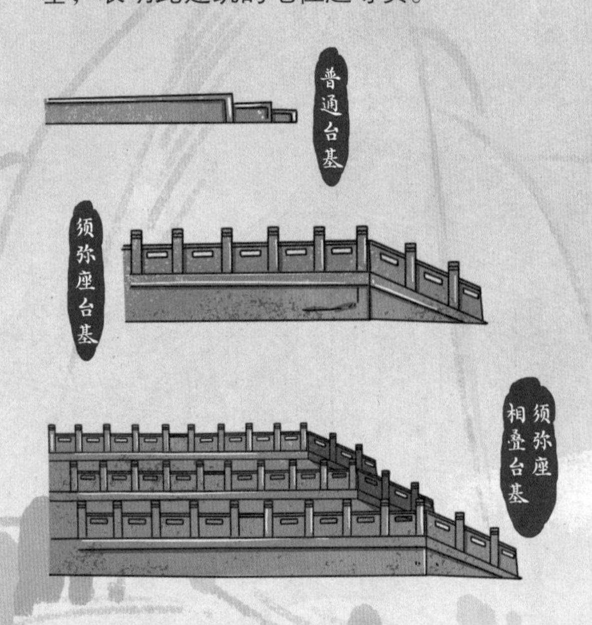

常见的古建筑屋顶造型

第一眼望过去，古建筑的屋顶和出檐都是像翼一样舒展上翘。

屋顶像是一顶帽子，为人遮风挡雨。其式样丰富、变化多端，同时有着等级高低之分。

❶ **庑殿顶**

庑殿顶是屋顶中等级最高的，是皇权、神权的象征。

❷ **歇山顶**

歇山顶又称九脊殿，等级仅次于庑殿顶。

❸ **悬山顶**

悬山顶多用于民居，等级低于庑殿顶和歇山顶，高于硬山顶。

❹ **硬山顶**

硬山顶是最低等级的屋顶，多用于民居。

❺ **卷棚顶**

卷棚顶多用于小型建筑及园林中的亭台、楼榭。

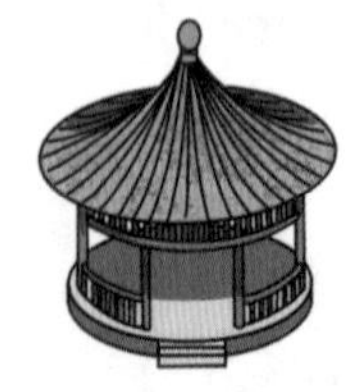

❻ **攒尖顶**

攒尖顶无等级，是园林建筑中最普通的屋顶。

多重院落组成的庞大建筑群

在平面布置上，这些建筑是由一座又一座的房子，再加上回廊、抱厦、厢、耳、过厅等，围绕着一个又一个的院落或天井建成的。其规模宏大，气势雄伟。

门

无穷微妙的装饰部件

古建筑，拥有无穷微妙的细节。

无论是大的结构部件（如脊吻、瓦当），还是小的结构部件（如门窗、门环或柱础），多为巧夺天工的雕刻造型，而且带有鲜明的装饰图形或图案。它们既实用，又有美感，是古建筑中不可缺少的一部分。

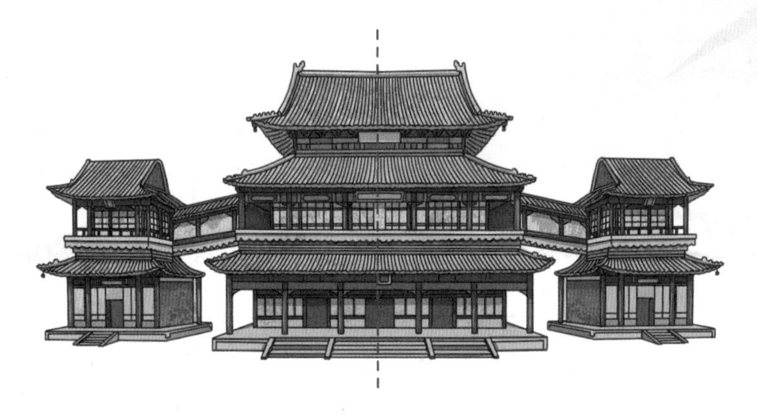

以中轴线为主的左右对称式古建筑，以园林式为主的灵活多变式古建筑

从古至今，中国人一直在追求对称美的路上笃定前行。于是，许许多多的古建筑，包括宫殿、庙宇、陵墓等都左右对称，均齐布置，布局上有一条严格的中轴线，整个空间序列重重叠叠又井然有序。

不过，园林式的古建筑，则由一个个的景观组成，整个布局非常灵活、自由，给人以轻巧玲珑之感。

巧妙而科学的框架式结构

木质结构，是古建筑的主要结构方法。房屋的框架由木柱、木梁构成。屋顶与房梁的重量由立柱承担。柱与柱之间的墙壁并不承担重量，而是像帷幕一样，用来划分空间。

屋檐上有一束束的斗拱。它由斗形木块和弓形的横木组成，纵横交错，逐层向外挑出，形成上大下小的托座。它既减少了横梁折断的可能，也大大美化了古建筑的屋檐。

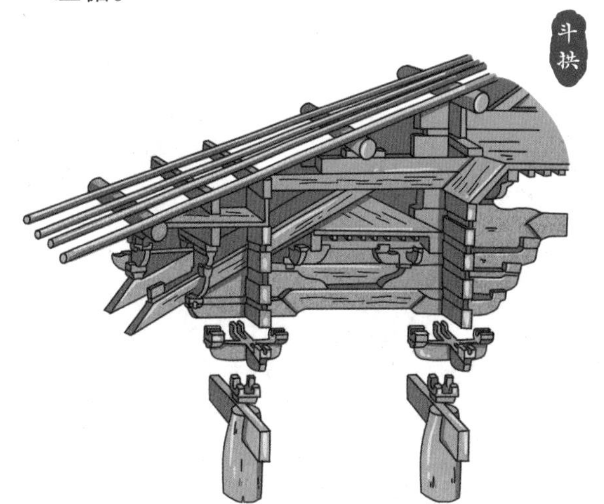

古建筑也分类吗

中国地大物博，历史积淀下来的古建筑也充满了地域及文化差异性，这使古建筑慢慢演变出了不同的类别。

古建筑按照用途大概可分为民居建筑、宫殿建筑、园林建筑、坛庙建筑、宗教建筑、陵墓建筑、城市设施性建筑、其他建筑等。

它们见证着时代的更迭、历史的风云，既蕴含着审美旨趣，又表达着伦理规范。它们以其独有的历史与文化积淀，书写着各自的故事。穿梭其中，仿佛进入了一条奇妙的时光隧道。

民居建筑

人们为了满足居住等生活需求所建造的房屋住宅等，适合以家族为中心的聚居生活。

我国地域辽阔，人口众多，民居的数量最为庞大。从黄河流域到长江流域，再到岭南，因受地理环境、气候因素、民俗文化等因素影响，民居在建筑形式上也是千差万别，各具特色。

代表建筑：陕西窑洞、福建土楼、北京四合院、云南土掌房等

宫殿建筑

它是历代王朝的宫殿，也是皇帝办公、举行大典、大摆筵席和居住的地方。

宫殿建筑是古代皇帝为了突出皇权的威严，满足精神和物质的需求而建造的院落式建筑群，以规模巨大、气势雄伟而著称，是我国古代建筑中最高级、最豪华的一种类型。

代表建筑：北京故宫、北京雍和宫、沈阳故宫等

园林建筑

它是由山、水、花、木和建筑构成的建筑群体，可分为皇家园林、私家园林和公共园林。

园林建筑占地广袤，规模宏大，主要有亭、台、楼、阁、榭、舫、廊、斋、轩、堂、馆、桥、坞、甬路、地面等，既可行、可望，也可游、可居。

代表建筑：苏州拙政园、苏州留园、北京颐和园、北京清华园等

坛庙建筑

它是祭祀天地、日月、山川、祖先、社稷的建筑，源于各种祭祀与纪念活动。

古代中国的礼制，以“礼”为核心。原始社会时期，人们相信万物有灵，认为对天地神灵、自然万物、祖先应具有敬畏和感激之情，于是形成了在特定的时间祭祀天地祖宗的传统，以祈求减少天灾的侵害和野兽的袭击等灾难的发生。

代表建筑：山东曲阜孔庙、山西解州关帝庙、北京天坛祈年殿等

宗教建筑

它是人们举办宗教活动的主要场所，包括佛教的寺、塔、石窟，道教的庙观，伊斯兰教的清真寺等。

宗教建筑多建于依山傍水、风景秀丽之地，除石窟外的宗教建筑一般都是由主房、配房等组成的严格对称的多进院落形式。

代表建筑：甘肃敦煌莫高窟、西藏拉萨布达拉宫、山西大同云冈石窟、浙江温州护国寺等

浙江护国寺

陵墓建筑

它是安葬逝者的场所，也供后人祭祀使用。由地下和地上两大部分组成。

古人有着“人死而灵魂不灭”的观念，因而对丧葬非常重视，任何阶层都会精心构筑陵墓建筑。

陵墓建筑多利用自然地形，靠山而建，有着严格的规制。

代表建筑：陕西西安秦始皇陵、北京明十三陵、河北遵化清东陵、江苏南京中山陵等

南京中山陵

城市设施性建筑

因国家和社会生活功能需要，而营造的设施性建筑或构筑物，主要有用于军事防御的长城和关隘，用作水利设施的堤坝、闸口，用作交通水运设施的桥梁、码头等。

代表建筑：长城、河北赵县赵州桥、北京十七孔桥等

其他建筑

其他建筑有塔、牌楼、牌坊、影壁（照壁）、商业建筑、会馆、驿站、粮仓、书院、学府等。

代表建筑：安徽黄山棠樾牌坊群、北京北海九龙壁、江西九江白鹿洞书院等

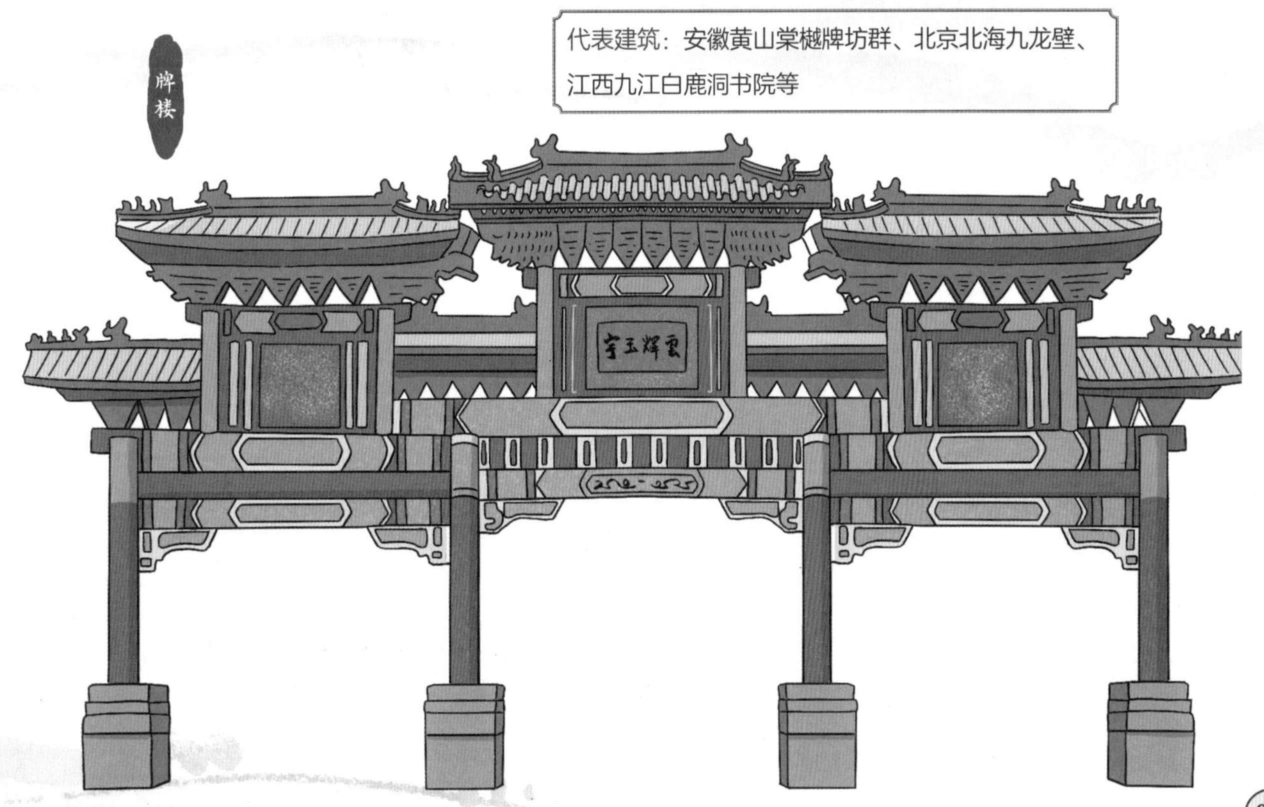

第二章

城池宫殿建筑

平遥古城

一座存活了千年的古城

北方的古城，有着与生俱来的大气、磅礴、雄厚与沧桑。平遥古城，便是其中的佼佼者。

平遥，旧称“古陶”，平遥古城是由城墙、博物馆、店铺、街道、寺庙、民居等共同组成的一个庞大建筑群。其基础造型基本上呈方形，东、西、北三面直，南面弯曲。是中国保存最为完好的四大古城（山西平遥古城、云南丽江古城、安徽歙县古城、四川阆中古城）之一，也是中国以整座古城申报世界文化遗产并获得成功的两座古城市（山西平遥古城、云南丽江古城）之一。

全城共有六座城门，南北各一，东西各二。城墙四角原先筑有角楼。四周的护城河对着城门架有吊桥。

从高空俯瞰，平遥古城犹如一只巨大的“神龟”。南门为头，北门为尾，东西四座城门为四条腿，城内四大街、八小街、七十二条蚰蜒巷，则仿若龟背上的花纹，组成了一个庞大的八卦图案。

双林寺

它是平遥三宝之一。寺内10余座大殿内，保存有元代至明代的彩塑造像2000余尊，被誉为“彩塑艺术的宝库”。

角楼

它是建于城墙四角上的楼橹，用以弥补守城死角的防御薄弱环节，增强整座城墙的防御能力。

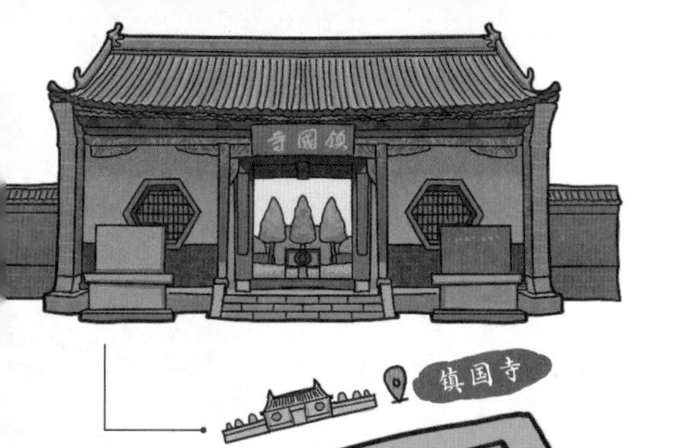

镇国寺

镇国寺

它是平遥三宝之一。该寺的万佛殿建于10世纪（五代时期），是中国排名第三位的古老木结构建筑，距今已有1000余年的历史。殿内的五代时期彩塑更是不可多得的雕塑艺术珍品。

日升昌票号

日升昌票号

它位于古城中的“大清金融第一街”，是中国第一家票号，可谓中国银行的鼻祖。当时日升昌票号的经营网点几乎遍布整个中国，甚至连欧洲、东南亚等地也有相应网点。

城楼

它修筑于城池的城门顶，古代又称“谯楼”。平常登高瞭望，战时主将坐镇指挥，是一座城池重要的高空防御设施。

城楼

南大街

它为古城的中轴线，北起东、西大街街接处，南到大南门，以市楼贯穿南北。街道两旁老字号店铺林立，是最为繁盛的传统商业街之一，被誉为中国的“华尔街”。

平遥县衙

它坐落于古城中心，距今已有600多年历史。整座衙署坐北朝南，呈轴对称布局，遵循封建礼制而建，左文右武，前朝后寝，中轴线上有六进院落，堪称皇宫的缩影。

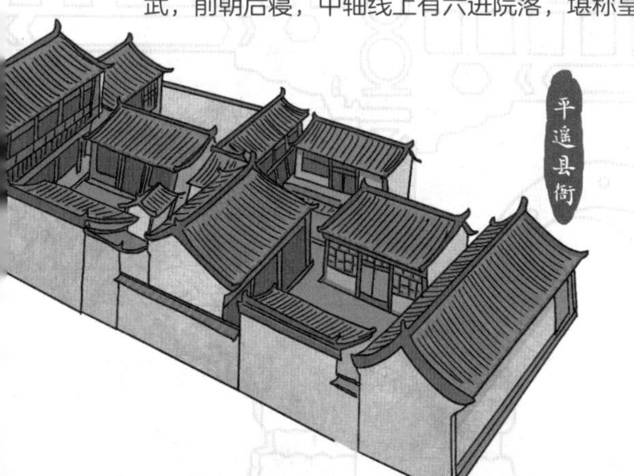

平遥县衙

南大街

高句丽王城

淹没在历史长河中的辉煌文明

曾经有一个骁勇善战的民族，在辽阔的东北，建立了一个王朝——高句丽。这个王朝，存续了 700 余年（公元前 37 年—公元 668 年，西汉至隋唐时期），前后经历了 28 位君王。

高句丽人修筑了一系列山城，既作为都城，也作为城堡防线。这些山城与内城相互依附，开创了史上复合式王都的新形式。遗址位于吉林省集安市，被列入世界遗产名录。

所有山城皆依山傍水，有的在盘踞山脊的环形山坳，有的在地势高耸的山顶，或面向缓坡山谷，或面向川谷平原而设。山城的城垣，往往沿山脊或峭壁构筑，墙体多为石筑或土石混筑。山城与山城之间，又林立有小型的联络点。

你可以带着极大的好奇心与敬畏，去想象它曾经的辉煌与顽强。

东方第一碑

好太王碑，由一块方柱形巨石修琢而成，高6米多，四面环刻文字共1775个，字体介于隶书与楷书。该碑记述了好太王一生的功绩，高句丽的起源，以及建立政权的传说，是高句丽保存至今最长的实物文字资料。

将军坟

它的造型颇似古埃及法老的陵墓，有“东方金字塔”之称。其基长31米，高12米，呈方锥形，共有7级阶梯，整个建筑雄伟，造型明快庄严，是高句丽建筑技艺和艺术成就所达高度的一个缩影。

洞沟古墓群

它位于高句丽王城外、群山环抱的洞沟平原上，现存近7000座，高句丽时代墓葬堪称东北亚地区古墓群之冠。许多墓室里绘有线条飘逸流畅、内容丰富并具有传奇神话色彩的精美壁画，距今虽已千余年，仍色彩鲜艳。

唐长安城

历史上规模最宏伟的都城

唐长安城，始建于隋朝，初名大兴城，唐朝易名为长安城。它位于今陕西西安，是隋唐两代的首都，也是当时世界上最大的城市。唐长安城遗址是全国重点文物保护单位之一。地形为东西略长，南北略窄的长方形，由内到外分别为宫城、皇城和外郭城。

其中，宫城位于全城北部中心，皇城位于宫城之南。外郭城则以宫城、皇城为中心，以“坊”为组成单位，以“凹”形为布局，向东、西、南三面展开。

这座当时规模最宏伟的都城，是丝绸之路的起点，也承载着唐朝数百年的帝国大梦。在这里，发生过很多很多的传奇故事：唐太宗的功勋，唐玄宗与杨贵妃的爱情，诗仙李白与诗圣杜甫的风度，丝绸之路上的缤纷花雨……

宫城

它包括太极宫、东宫及掖庭宫，位于长安城的北端，是皇帝、后妃，以及皇太子生活的地方。

外郭城

它是长安城的平民百姓居住的地方。这里纵横交错的道路，将外郭城分隔出108个里坊和东市、西市两个市集。

玄武门

它是宫城内太极宫的北门，因四象中玄武代表北方而得名。因唐太宗继承皇位而发生的宫廷之战——玄武门事变，就发生在这里。

朱雀大街

它是全城的中轴线和主干道，以此为界将全城分成东西两半。

皇城

它位于宫城的正南，是唐朝的最高行政和军事机构，供奉祖先的太庙也在这里。

哇！古时候这里就这么繁华吗？

当然，唐长安城可是闻名世界的都城。我这就带你长长见识。

活色生香的烟火气

从高空俯瞰，唐长安城的街巷规矩严整、块块分立，像一个偌大的棋盘。

道路将全城分作了百余个里坊，各坊面积大小不一，四周筑有围墙。大坊一般开四门，内设十字街，小坊则开东西二门，设一横街。它们以朱雀大街为中轴，呈对称布局。

在城内的东、西两侧，设有东市和西市。两市之中，商贾云集、邸店林立，物品琳琅满目。每当晓鼓擂响，各城门和各坊门一起开启，苏醒了的长安城车马喧阗，活色生香的烟火气弥散于里坊之间。

盛唐的长安城，繁华绚烂得像一场梦。在无数文人墨客的笔下，这里的每个角落都充满了故事，诉说着平仄韵味。

里坊数

唐长安城到底有多少“里坊”，历来说法不一。或110坊，或108坊，或109坊，莫衷一是。随着都城建设的发展，长安城里坊之数前后是有变化的。人们说到长安城的坊数时，最常用的是108坊。

西市

它位于皇城西南，周围多平民百姓住宅，市场上多是衣、烛、饼、药等日常生活品。另有许多外国商人开设的店铺，如珠宝店、货栈、酒肆等。商业较东市繁荣，又被称为“金市”。

里坊

里坊

长安城实施封闭式管理，坊门在清晨打开，黄昏关闭。夜间不允许闲杂人员在主干道上走动，只有得到特殊许可的人员除外。不过在每年元宵节前后几天，长安城各坊的大门会全部打开，百姓们可以彻夜狂欢，逛街看灯会。

东市

它位于皇城东南，靠近皇宫周围的里坊、市场经营的商品，多为上等奢侈品，以满足皇室贵族和达官显贵的需要。

东市

北京国子监

元明清三朝的最高学府

旧时的北京城方方正正。城里有大街，还有很多各式各样的胡同。其中，“最有文化”的那一条，叫作“国子监胡同”。

在这条遍植古槐的清幽街道中，坐落着元、明、清三朝的最高学府——国子监。它与孔庙相毗邻，沿袭了“左庙右学”的传统规制。国子监是中国古代设立的最高学府——太学的所在地。太学相当于现在的大学，设有礼、乐、律、射、御、书、数等教学科目。

国子监的整体建筑坐北朝南，为三进院落。中轴线上依次排列着集贤门、太学门、琉璃牌坊、辟雍大殿、彝伦堂、敬一亭。东西两侧又有四厅六堂，构成传统的对称格局。

辟雍大殿

学校里的建筑都这么金碧辉煌的吗？

皇帝很重视国子监，他们还会来这里讲学。

位于正中心的主体建筑——辟雍大殿，是现存唯一的古代“学堂”。殿的四周为圆形水池，筑有玉石栏杆，四面有四座石桥，形成所谓“辟雍圈水”的圣境。

它是经义课程，考核学业的地方。

❷ 辟雍大殿

它是皇帝讲学的地方。自清乾隆起，每逢新帝即位，都要做一次讲学。殿内为窿彩绘天花顶，设有龙椅、龙屏等皇家器具，以供皇帝“临雍”讲学之用。

❸ 琉璃牌坊

它是全国唯一一座专为教育设立的琉璃牌坊，为三门四柱七楼式。文官走左，武官走右，皇帝走中间。中间的门又叫龙门，“十年寒窗读，只为跃龙门”中的龙门，说的就是它了。

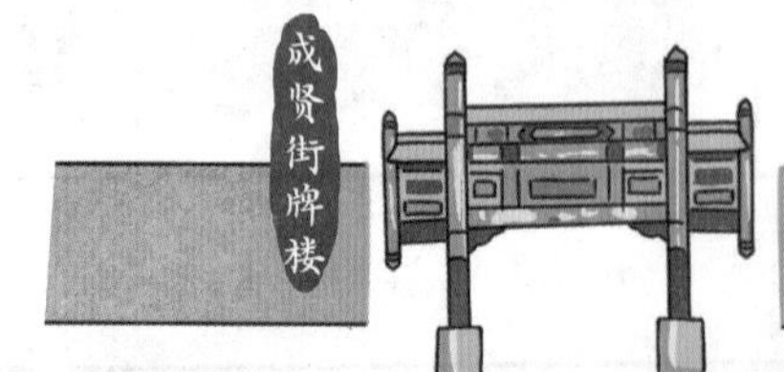

国子监牌楼

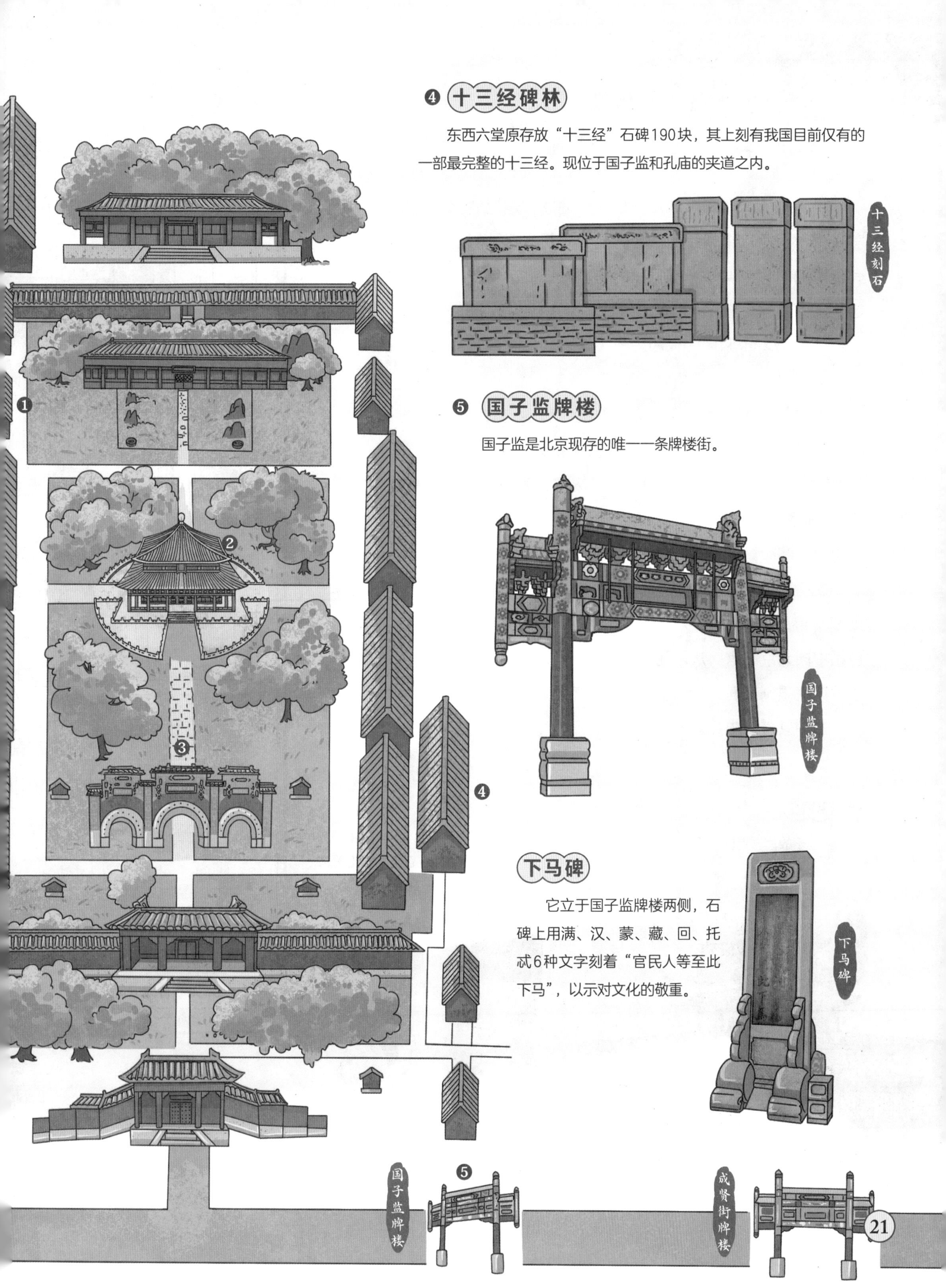

❹ 十三经碑林

东西六堂原存放“十三经”石碑190块，其上刻有我国目前仅有的一部最完整的十三经。现位于国子监和孔庙的夹道之内。

❺ 国子监牌楼

国子监是北京现存的唯一一条牌楼街。

下马碑

它立于国子监牌楼两侧，石碑上用满、汉、蒙、藏、回、托忒6种文字刻着“官民人等至此下马”，以示对文化的敬重。

北京故宫

世界上最大的宫殿

北京故宫，也称紫禁城，始建于明朝，是明清两代的皇家宫殿，位于北京中轴线的中心，是一座长方形的城池，四面围有高高的城墙，城外还有宽宽的护城河。提起它，人们就会想起永远也数不清的宫殿楼阁。

太和殿、中和殿、保和殿三大殿是其庞大的宫殿建筑群的中心，依次耸立于南北中轴线上。

其中，太和殿为帝王坐朝听政的“金銮宝殿”。太和殿长64.24米，宽37米，连同台基通高35.05米，面阔11间，进深5间，是故宫内规模最大的殿宇。广场东西各有一座双层高阁，用64间廊庑连接。其他两殿中，中和殿规模略小，保和殿规模仅次于太和殿。

故宫是世界上现存规模最大的宫殿，也是一座有着传奇历史和未解之谜的“谜”宫，被誉为世界五大宫之首，这五大宫包括中国北京故宫、法国凡尔赛宫、英国白金汉宫、美国白宫、俄罗斯克里姆林宫。600余年间，故宫见证着风雨晴晦、日升月落，也刻录着历史的烟云。

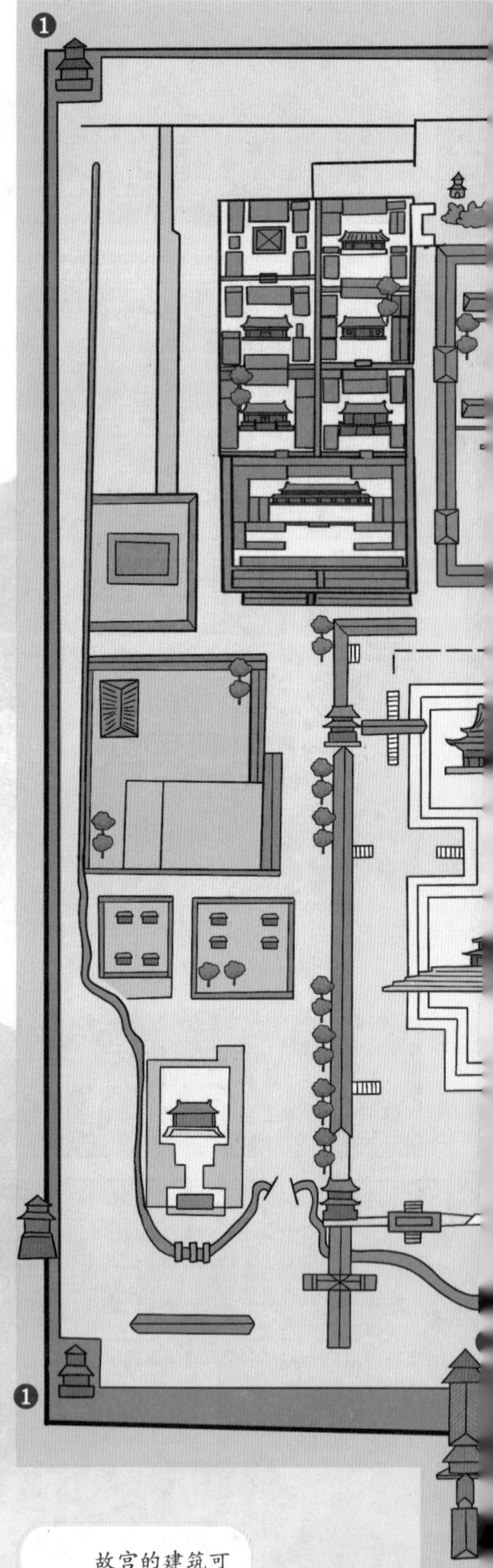

❶ 角楼

它位于故宫城墙的四个角，用以瞭望守备。

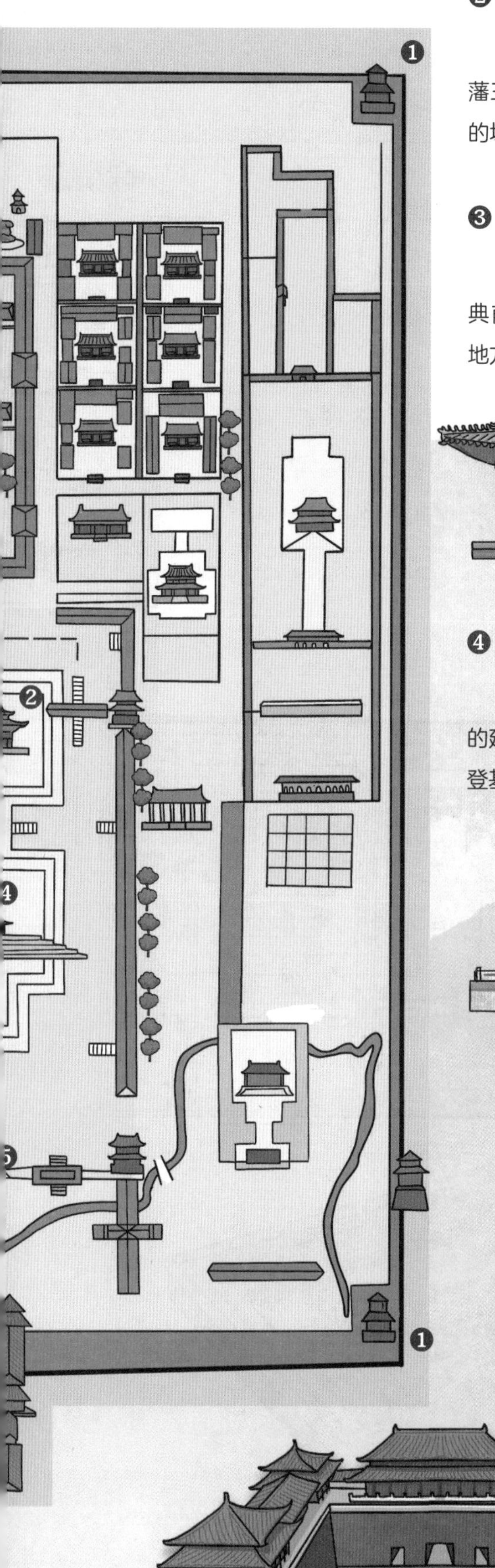

❷ 保和殿

它是每年除夕皇帝赐宴外藩王公的地方，也是举行殿试的场所。

❸ 中和殿

它是皇帝去太和殿举行大典前稍事休息和演习礼仪的地方。

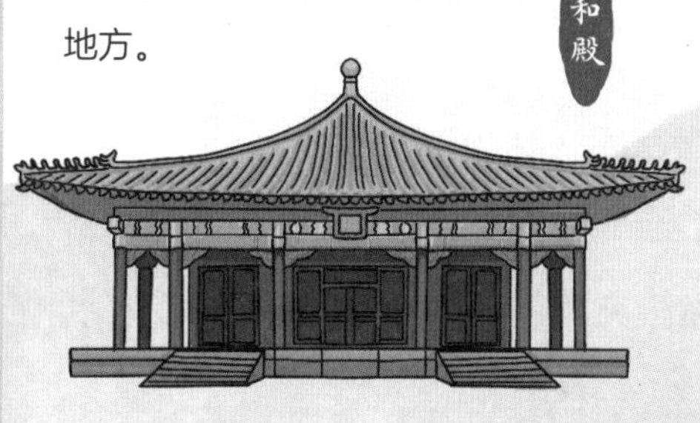

❹ 太和殿

它是故宫内体量最大、等级最高的建筑物，是皇帝举行大典（如皇帝登基、大婚等）的场所。

❺ 太和门

太和门是北京故宫内最大的宫门，也是外朝宫殿的正门。在明代，为“御门听政”之处。

❻ 午门

它是故宫的正门，也是皇帝下诏书、下令出征的地方。当中的正门只有皇帝可以出入。文武大臣进出东侧门，宗室王公出入西侧门。

三宫六院等古建筑

一道红墙深重的乾清门，将故宫分割成南北，以南为外朝，以北则为内廷。

内廷布局与外朝一脉相承，严格按照南北中轴贯穿，主体建筑依次是乾清宫、交泰殿和坤宁宫，合称为三宫。

三宫之首的乾清宫，连廊面阔九间，进深五间。殿正中有宝座，上方悬着“正大光明”匾，是皇帝务政、筵宴、寝居之所。其次为坤宁宫，九间通宽，三间进深，为皇帝登基、大婚之所。两宫之间的交泰殿，深、广各三间，四面辟门，为嫔妃朝贺及皇子行礼之所。

在三宫东、西两路，各建有 6 座宫阙，称为东、西六宫。宫院皆呈方形，为两进院的三合院形式，由前殿、后寝、东西配殿组成，墙高院深，门户森严。各宫院之间南北走向有两条长街，东西走向有纵横交错的巷道相连，巷口有巷门，街口有街门，构成了 12 个相互独立的院落。

慈宁宫

它在明代为皇贵妃的居所，在清代为皇太后的居所，也是为太后举行重大典礼的殿堂。

养心殿

它是皇帝的偏殿。自清雍正开始，为皇帝的主要居所和日常理政之处。

坤宁宫

它在明代为皇后寝宫。乾清宫代表阳性，坤宁宫代表阴性，以表示阴阳结合，天地合璧之意。

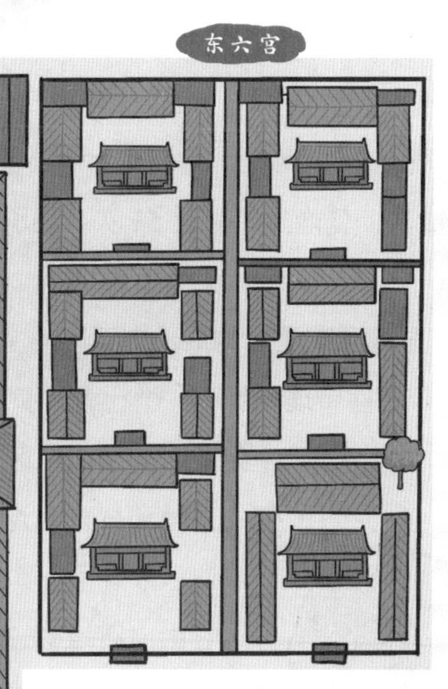

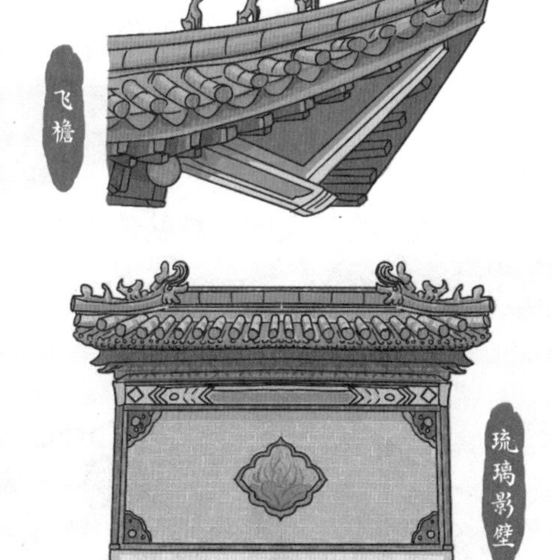

六院

“六院”其实是十二院，分别为“东六宫”和“西六宫”。“东六宫”为景仁宫、承乾宫、钟粹宫、景阳宫、永和宫和延禧宫；“西六宫”为永寿宫、翊坤宫、储秀宫、咸福宫、长春宫和启祥宫（太极殿）。

这里的建筑装饰一律采用飞檐斗拱的传统形式，宫顶饰以黄色琉璃瓦，金碧辉煌；内檐及窗棂点金彩画，描龙绘凤，栩栩如生；各宫门前均有琉璃影壁一座，避免了内宫暴露在外，又给人幽深神秘之感。

乾清宫

它的建筑规模为内廷之首。明代共有14位皇帝曾在此居住。清雍正以后，密建皇储的建储匣常存放于乾清宫“正大光明”匾后。

承德避暑山庄

迄今为止最大的皇家园林

在距离北京230千米的燕山深处，武烈河西岸一带狭长的谷地上，留存着一座美丽古老、有着传奇色彩的皇家园林——承德避暑山庄。

承德避暑山庄是中国四大名园之一，经清朝康熙、雍正、乾隆三代帝王，历时89年建成，是迄今为止最大的皇家园林。它的面积相当于颐和园的两倍，有8个北海公园那么大。200多年前，清朝皇帝常来此避暑。据说，康熙皇帝曾来过43次，乾隆皇帝来过53次。现承德避暑山庄已被列入世界文化遗产名单。

这座规模宏大的园林整体布局由宫殿区和苑景区构成。宫殿区的主体建筑为正宫，共九进院落，主殿为“澹泊敬诚”，用珍贵的楠木所建，是皇帝理朝听政、举行大典和寝居之所。

苑景区分为山峦区、平原区和湖泊区三部分，将葱郁的草地和树林，沟壑纵横的山脉，以及大大小小的湖泊尽数囊括。其中，最抢眼的一处为“金山岛”，它由山石堆砌，是整个湖区的制高点，如果登高眺望，可以将湖区的风景一览无遗。

❶ 山峦区

它在山庄的西北部，其面积约占全园的五分之四。这里山峦起伏、沟壑纵横，众多楼堂殿阁、寺庙点缀其间。

❷ 平原区

它在湖区北面的山脚下，地势开阔，有万树园和试马埭，碧草茵茵、林木茂盛、风光无限。

❸ 湖泊区

它位于宫殿区北面。内有大小湖泊8处，将湖面分割成大小不同的区域，层次分明、洲岛错落、碧波荡漾，富有江南鱼米之乡的特色。东北角有清泉，即著名的热河泉。

❹ 宫殿区

它是皇帝处理朝政、举行庆典和生活起居的地方。由正宫、松鹤斋、万壑松风和东宫4组建筑组成。

好啊，去承德避暑山庄吧！那里从建筑到景色，都令人流连忘返。

好热啊，我们去避暑吧！

金山岛

它仿照江苏镇江的金山而建。地处湖区的中心地带，由天宇咸畅、镜水云岑、上帝阁和芳洲亭四个建筑组成。

万树园

园内有不同规格的蒙古包28座。当年，乾隆皇帝经常在此召见少数民族的王公贵族、宗教首领和外国使节。

平原区

水流云在

它是一座十六角重亭，为康熙三十六景中的最后一景，取名灵感来自诗人杜甫的诗句“水流心不竞，云在意俱迟”。

如意洲

它上面有假山、凉亭、殿堂、庙宇、水池等建筑，布局巧妙精致，为湖区的核心之景。

丽正门

它是避暑山庄的正门，为乾隆三十六景中的第一景。

月色江声

它是由一座精致的四合院和几座亭、堂组成。每当月上东山的夜晚，皎洁的月光映照着平静的湖水，唯美异常。

承德外八庙——绵延塞北的众寺庙

在避暑山庄绵延的宫墙外，武烈河两岸和狮子沟北沿的山丘地带，伫立着气势雄伟、金碧辉煌的皇家寺庙群。

这些庙宇多利用向阳山坡呈阶梯状修建，建筑风格分为藏式寺庙、汉式寺庙和汉藏结合式寺庙三种，将汉式宫殿建筑与蒙古族、藏族、维吾尔族等民族建筑的艺术精华完美融合。因为都建于北京的长城以外，分属 8 座寺庙管辖，故被称为“承德外八庙”。

外八庙泛指避暑山庄外所有由朝廷直接管理的寺庙，现存的有溥仁寺、普宁寺、普佑寺、安远庙、普乐寺、普陀宗乘之庙、殊象寺、须弥福寿之庙、广缘寺等。它们同承德避暑山庄一起被列入世界文化遗产名单。

从山脚到山顶，外八庙铺陈出磅礴的气势。很多重大宗教仪式和政治活动都曾在这里举行，它见证了“康乾盛世”的繁荣与土尔扈特部回归等重大事件。

普乐寺

它取“天下统一，普天同乐”之意，核心建筑是一座胜乐金刚立体坛城。旭光阁内供有欢喜佛——上乐王佛。

普宁寺

它取“普天之下安宁，保佑天下众生”之意，寺内供奉有世界上最大的金漆木雕佛像——千手千眼观世音巨像。

布达拉·行宫

它由普陀宗乘之庙和须弥福寿之庙组成，为汉藏结合寺庙。因仿拉萨布达拉宫和日喀则扎什伦布寺而建，因此俗称“小布达拉宫”或“班禅行宫”。

第二章 园林建筑

太原晋祠

中国建筑史上最神奇的园林

山西太原西南郊 25 公里处的悬瓮山麓，晋水源头，有一片古代园林建筑，名叫晋祠。

晋祠初名唐叔虞祠，是为纪念晋国开国诸侯唐叔虞及其母邑姜而建。它不仅是中国现存最早的皇家祭祀园林，还是现存规模最大、最具有代表性的祠堂式古园林建筑群实物孤例。

这是一个神奇的园林。这里的山，巍巍的，长长的，将整座园林拥在怀中；这里的树，郁郁的，苍苍的，环绕着各式建筑；这里的水，清清的，幽幽的，蜿蜒川流着……

这里的布局，既保持均衡又不强求对称，庄严中蕴含着丝丝灵动与自由。这里的建筑囊括了殿堂、楼阁、亭子、水榭、牌坊、戏台甚至窑洞，有种强烈的丰富性和参差感。甚至，连朝向也不拘一格。

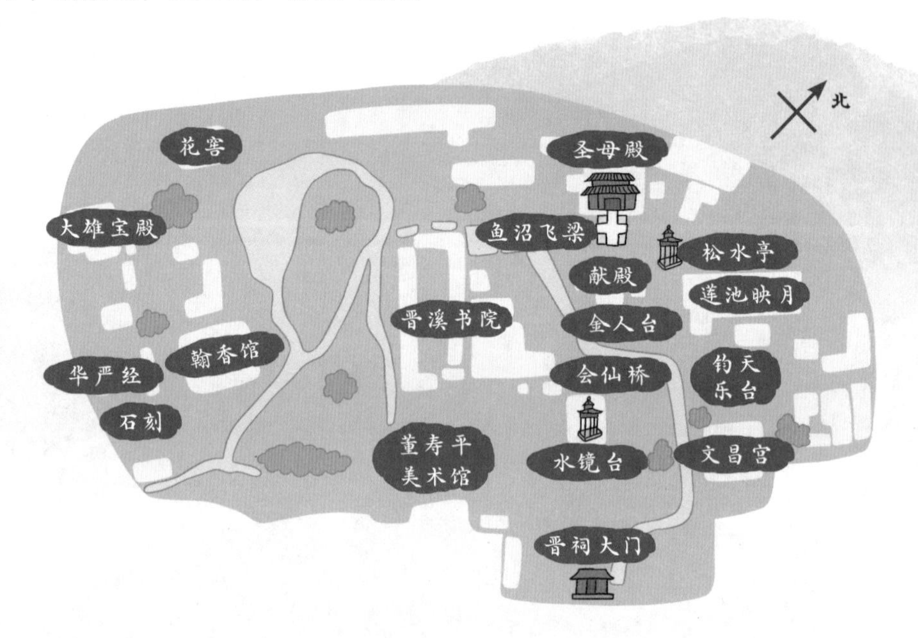

难老泉

它是晋祠三绝之一，俗称“南海眼”，出自断岩层，昼夜长流不息。

周柏

它是晋祠三绝之一，周代种植的柏树，原有两株，名为齐年古柏，如今只剩一株。

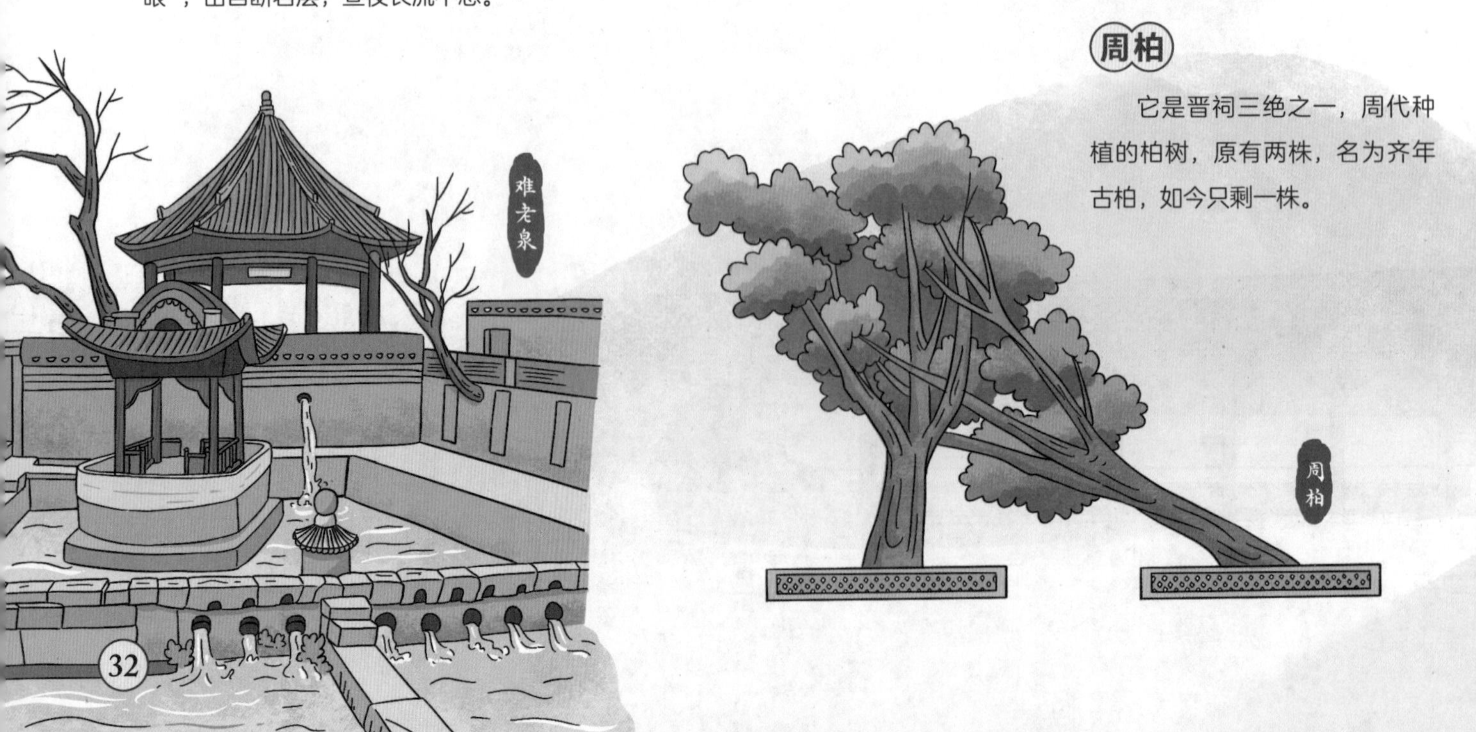

水镜台

它是明清戏台，“水镜”二字取于《前汉书·韩安国传》中“清水明镜不可以形逃”，意为忠奸是非，在清水明镜中清清楚楚。台上东部为重檐歇山顶，演戏时用作后幕，台上西部为卷棚歇山顶，面向圣母殿，三面开敞。

金人台

它的四隅各立一尊宋代铁铸武士，因铁为五金之属，故以此命名。

木雕盘龙

中国现存最早的盘龙雕柱，距今已近千年。

圣母殿彩塑

它是晋祠三绝之一。殿内供奉圣母塑像和40多尊侍女像，除了两尊是明代补塑之外，其他都是宋代原塑，弥足珍贵。

鱼沼飞梁

它建于宋代，区别于大多数梁桥和拱桥，该桥呈十字形，如大鹏展翅，在圣母殿与献殿之间，典雅大方，造型独特，是中国现存木桥梁中的孤例。

北海公园

最完整的皇家园林

北海公园，东临景山公园，南濒中海，北连什刹海，是我国现存最古老、最完整的皇家园林之一。全园以北海为中心，主要由琼华岛、东岸和北岸景区组成。琼华岛上树木苍郁、亭台楼阁幽静，白塔耸立，成为公园的标志。

琼华岛南面寺院依山势排列，直达山麓岸边的牌坊。永安桥连接承光殿和琼华岛，气势恢宏。幽邃的山石之间，楼阁亭榭穿插交错，若隐若现。

这里原是辽、金、元、明、清五个王朝的帝王御苑，已有上千年历史。

很多年过去了，周边高楼大厦已经取代了古旧的瓦檐，只有北海公园的游船依旧，红墙、绿树依旧。

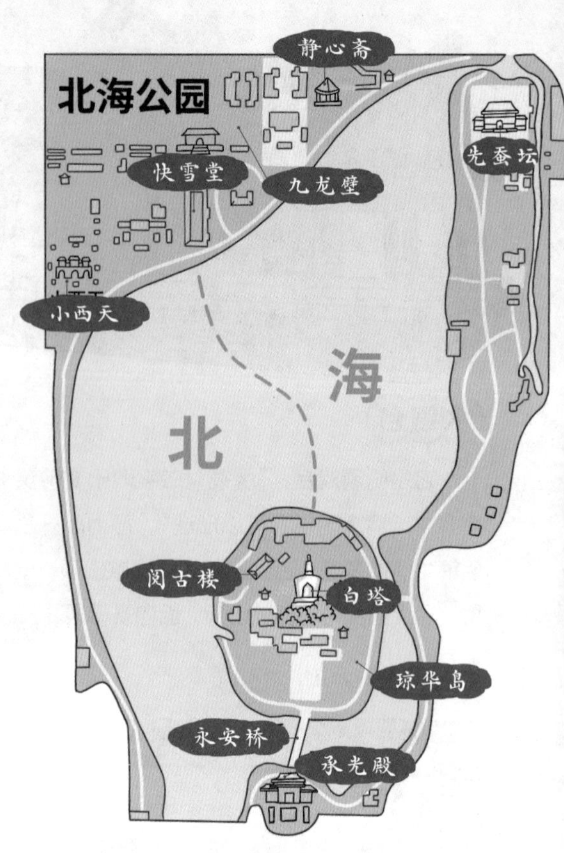

承光殿

它位于城台中央，内有龛一座，供奉着用整块玉雕琢的白色玉佛像一尊。

琼华岛

它的寓意为用美玉建成的仙境宝岛。因岛上建有白塔，故又俗称“白塔山”。

永安桥

它是连接团城和琼华岛的纽带。桥用汉白玉石砌成，桥两端各立牌坊一座，北为“堆云”，南为“积翠”。

小西天

清乾隆皇帝为母亲孝圣皇太后祝寿祈福而建，它是中国最大的方亭式宫殿建筑。

九龙壁

它是用七色琉璃砖瓦镶砌而成。两面各有九条彩色大蟠龙，飞腾戏珠于波涛云际之中。壁上共有大小蟠龙635条。中国现存三座古代九龙壁，唯独这座是双面壁。

静心斋

它是北海最精巧的一处园中之园，也称“乾隆小花园”。既有北方园林的宏伟，又有江南园林的小巧玲珑。

阅古楼

“阅古楼”三字为清乾隆皇帝手书，楼内共收集了我国从魏晋至明末135位著名书法家的340件作品。书法、刻法均极其精美，被称为“双绝”。

快雪堂

公元1779年，清乾隆四十四年，为保护王羲之的《快雪时晴帖》特意增建，故名“快雪堂”。

先蚕坛

它是清代后妃们祭祀蚕神之处，也是北京九坛之一。

白塔

它位于琼华岛上，因塔身颜色而得名，是北海公园的标志性建筑。

白塔

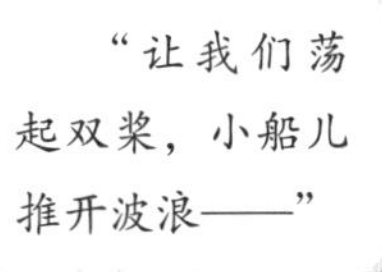

“让我们荡起双桨，小船儿推开波浪——”

划着小船，看美丽的景色，游皇帝游玩过的地方，是不是很开心？

景山公园

帝王之家的后花园

北京老城区内，有一条神秘的中轴线。它如同一道坚实的脊梁，从城市中心穿插而过。

这条中轴线的黄金地段，坐落着一座高 43 米的景山。

景山始建于公元 1179 年（金大定十九年）。在元、明、清三代，景山是全城的最高点。站在景山之上，南望可见故宫的飞檐翘角、金色琉璃，北望可见钟楼与鼓楼，再远处则是青砖灰瓦的四合院。

景山，坐北朝南，红墙黄瓦围墙，西临北海，南与故宫神武门隔街相望，位于北京市西城区景山前街。整座山由五座山峰组成，东、西、北三面皆砌有爬山道。山顶修建有五座亭子，依山就势，呈一字排开。

北京中轴线

它是世界上唯一的建筑艺术轴线，全长约 7.8 公里，南起永定门，北至钟鼓楼。这条中轴线连着四重城，即外城、内城、皇城和紫禁城，好似北京城的脊梁。

绮望楼

它建于公元1750年（清乾隆十五年），是景山官学堂学生祭拜孔子的地方。

山脊五亭

它们修建于清乾隆年间，可登临宴饮，俯瞰城中秀色。五座亭中曾供有五尊铜佛，名为“五方佛”，民间又称之为“五味神”，寓意人们日常饮食中的“酸、甜、苦、辣、咸”。

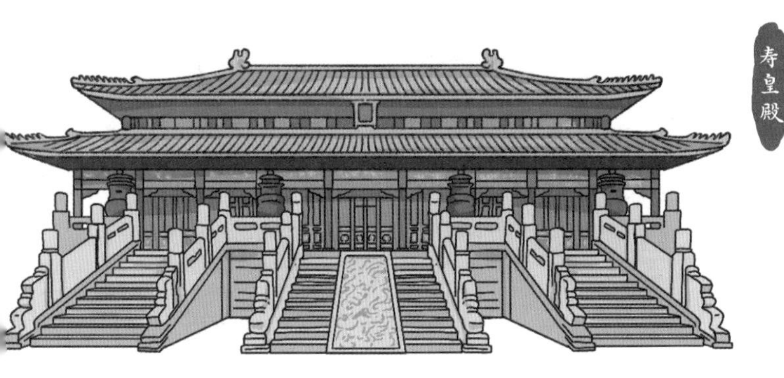

槐中槐

它在永思殿前殿的西侧，据说是一株唐槐。在有些朽空的树干中又生出了一株新的小槐树，俗称“母子槐”。

寿皇殿

它位于中峰后的正北面，仿太庙建造。原为清代的祭祖处。

周赏亭

亭内原供奉五方佛之一的宝生佛，于公元1900年（清光绪二十六年）被八国联军劫走。

万春亭

它坐落于景山的最高峰，是五亭中最大的一座，四角攒尖顶，三重檐，黄琉璃瓦绿剪边，由内外两圈共32根柱子支承。

观妙亭

亭内原供奉五方佛之一的阿閦（chù）佛，于公元1900年（清光绪二十六年）被八国联军劫走。

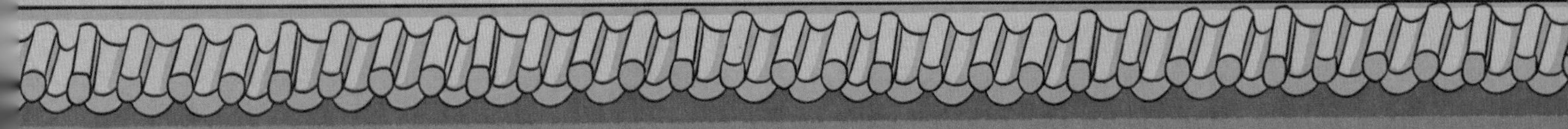

苏州拙政园

宜两亭

当年，中园和西园分属两家所有，西园主人堆山筑亭，可以在亭中观赏中园景色。而中园主人在中园又可以眺望亭阁高耸的景观。

小飞虹

它是苏州园林中极为少见的廊桥。朱红色桥栏倒映水中，水波粼粼，宛若飞虹，因而得名。

现存最大的古典园林

拙政园位于苏州城东北隅，占地面积 4 万平方米，历时 16 年打造而成，是苏州现存最大的古典园林，与北京颐和园、承德避暑山庄、苏州留园一起被称为“中国四大名园”。

公元 1509 年，明正德四年，一个官场失意的中年男人退隐回故乡苏州，在城东北隅，开始了轰轰烈烈的造园工程。

这个人，名叫王献臣。这座园，名为拙政园。

全园分为东、中、西三部分。东部原称“归田园居”，以平冈远山、松林草坪、竹坞曲水为主，配以山池亭榭。西部原为“补园”，布局紧凑，水面迂回，亭阁依山傍水而建，水廊、溪涧或起伏曲折，又或凌波而过。中部为其精华所在，总体布局以水为中心，亭台楼榭形体不一、错落有致，或临水而建，或直出水中，景色因四时而变幻无穷，一派疏朗旷远之风。

远香堂

它是拙政园中部的主体建筑。位于水池南岸，隔池与东西两山岛相望，池水清澈广阔，遍植荷花，山岛上林荫匝地，水岸藤萝粉披，两山溪谷间架有小桥，山岛上各建一亭，西为“雪香云蔚亭”，东为“待霜亭”，四季景色因时而异。

海棠春坞

坞（wù），即四面高中间低的处所。海棠春坞内庭院铺地、茶几花纹，皆为海棠纹样，处处有景点题。此处清静幽雅，是读书休憩的理想场所。

芙蓉榭

榭，指建在高台上的房屋。芙蓉榭之美在于其依势而建，一半建在岸上，一半伸向水面，凌空架于水上，造型轻巧，构思巧妙。

听雨轩

轩前一泓清水，植有荷花；池边有芭蕉、翠竹；轩后植有芭蕉。无论春夏秋冬，都能听到各具情趣的雨声。

兰雪堂

它是东部的主厅，为入园游赏的第一景。堂名取自李白的“独立天地间，清风洒兰雪”。

苏州留园

最低调的古典园林

留园是中国四大名园之一，始建于明万历年间，初为太仆寺少卿徐泰时所建的东园。全园以别出心裁的入口障景开篇，分为东、中、西、北四个景区。面积约3.4万平方米，其布局之美，却堪称苏州诸园之最。其中，西区以野趣横生的山林为主，东区以富丽堂皇的建筑为主，中区以山水景观为主，北区则为清新淡雅的田园风光。

各区之间以墙相隔，以廊贯通，又以空窗、漏窗、洞门巧妙借景，使各种景色相互渗透，隔而不绝。它的美，在于“曲”，也在于“幽”。置身园中，人在走，景在移，境在换，韵在变，颇有不出城郭而获山林之趣。这些层层相属的建筑群组，有藏有露，有密有疏，有虚有实，令人连连惊叹。

一堵不起眼的粉墙下，开着一扇小小的园门。进入后，只见两道高墙裹挟着一条长长的幽暗巷道。再往前行，又见一个小天井，一棵桂花树，一个小方亭……

❶ 小桃坞

此处多桃杏，故得此名。建筑为五开间，其前附有两个耳室，现为外宾接待室。

❷ 闻木樨香轩

它是中部花园中最高的建筑，实际为依廊而建的半亭，因四周遍植桂花而得名。木樨即岩桂，轩前有联：“奇石尽含千古秀，桂花香动万山秋。”

❸ 爬山廊

这条爬山廊不仅有上山廊和下山廊之分，还有依墙的实廊与离墙的空廊相呼应，整个山廊始终处于高、低，明、暗等不同光线和地势的变化过程中，令人感到妙趣盎然。

爬山廊

❹ 可亭

其意是可以留作小憩之亭。亭为六角，飞檐攒尖，结顶为一花瓶倒扣。

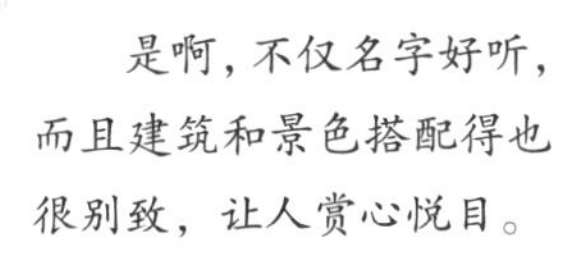

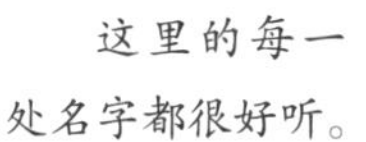

绿荫轩

❺ 古木交柯

它是留园十八景之一。南面庭院，靠墙筑有明式花台一个，花台内植有柏树、云南山茶各一，仅二树、一台、一匾，就形成一幅耐人寻味的画面。

❻ 绿荫轩

它是小巧雅致的临水敞轩，因建筑西侧原有一株古枫，东面又有榉树遮日，因此以“绿荫”为轩名。

❽ 冠云峰

它是太湖石中的绝品，齐集太湖石“瘦、皱、漏、透”四奇于一身，相传这块奇石还是宋朝末年花石纲中的遗物。

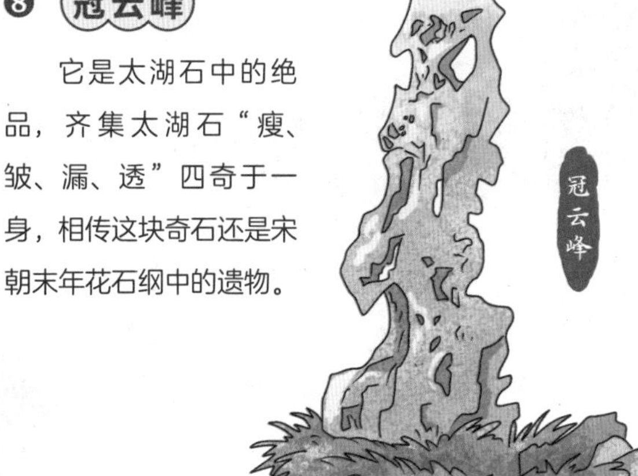

❼ 五峰仙馆

它是园内最大的厅堂，五开间，九架屋，硬山顶。由于梁柱均为楠木，故又称楠木厅。

颐和园

皇家园林博物馆

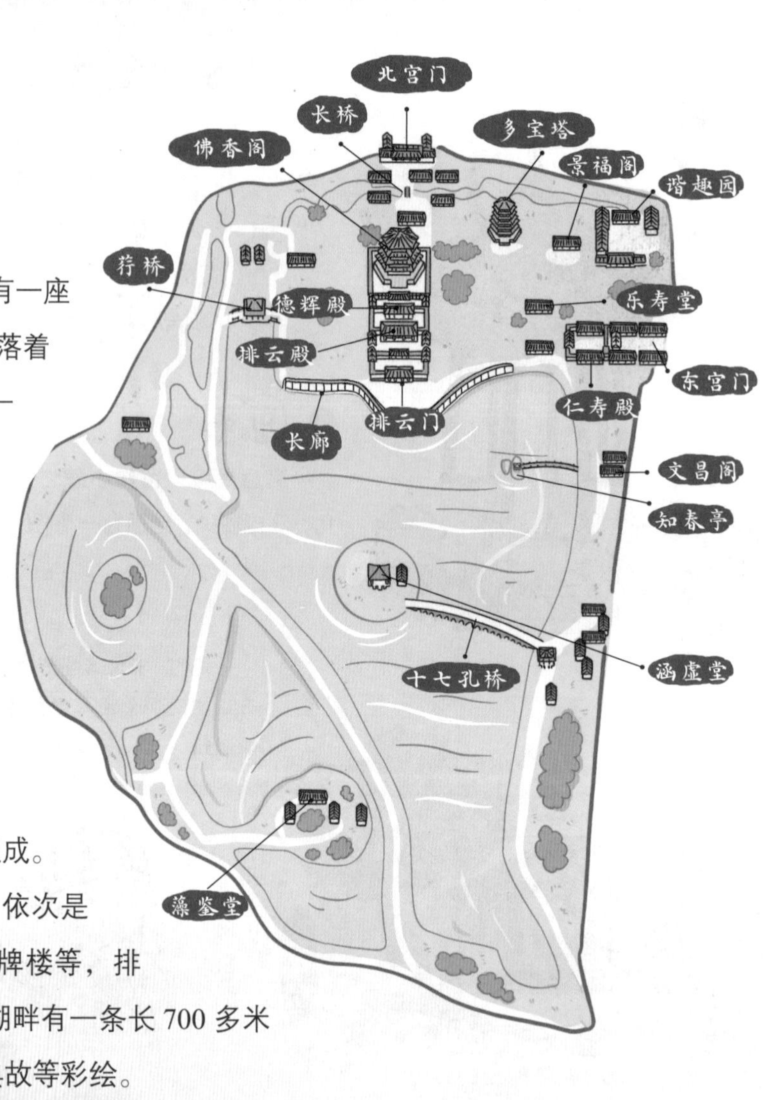

北京西郊，距离紫禁城大约 15 千米的地方有一座山，名万寿山。山前有片湖，名昆明湖。这里坐落着一座闻名中外的园林，也是中国古代修建的最后一座皇家园林——颐和园。

颐和园前身为清漪园，是以杭州西湖为蓝本，融合江南园林的布局建成的大型山水园林，被誉为“皇家园林博物馆”。

园区由万寿山和昆明湖组成，共有宫殿园林建筑 3000 余间，大致依行政、生活、游览等板块陈列，由以仁寿殿为中心的行政区和后面的生活区（乐寿堂、玉澜堂和宜芸馆）组成。

颐和园内建筑自万寿山顶的智慧海向下，依次是佛香阁、德辉殿、排云殿、排云门、云辉玉宇牌楼等，排列成一条层次分明的中轴线。山下为昆明湖，湖畔有一条长 700 多米的长廊，枋梁上有山水风景、花鸟鱼虫、人物典故等彩绘。

公元 1750 年，清乾隆皇帝动用 448 万两白银修建清漪园，于公元 1764 年落成。公元 1860 年，其被英法联军烧毁。公元 1888 年，清光绪皇帝重建清漪园，改称颐和园。公元 1900 年，颐和园又遭八国联军破坏，珍宝被抢掠一空。

这座命运多舛的园林，历经火烧与劫掠，屡遭浩劫，却仍然留存至今。

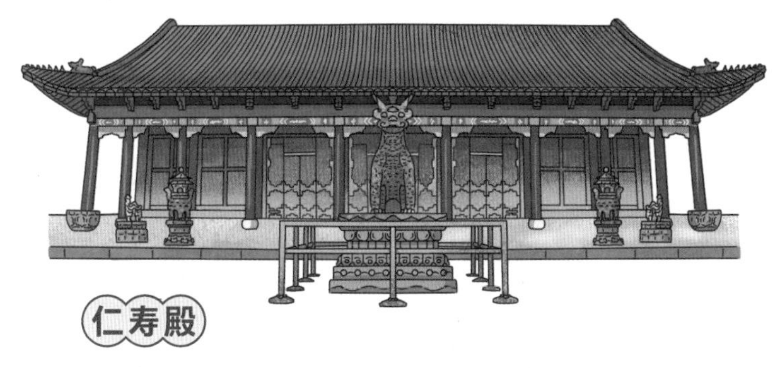

仁寿殿

它是皇帝临朝理政的地方，清末许多政治、经济、军事、外交等方面的政令，都是从这座大殿内发向全国各地的。

谐趣园

它位于万寿山东麓，独立成区，颇有南方园林风格。园内共有亭、台、堂、榭13处，并用百间游廊和五座形式不同的桥相沟通。

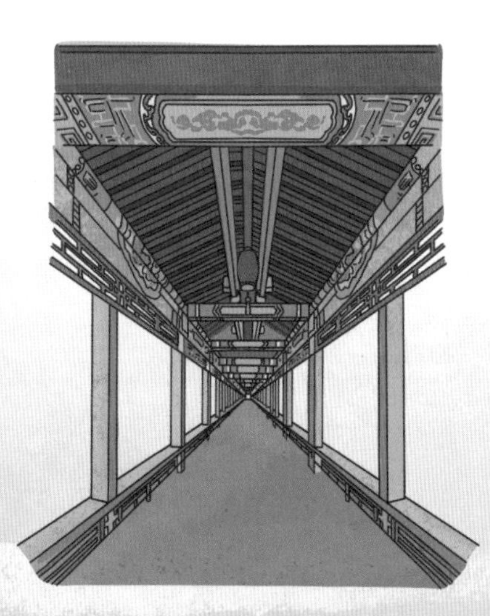

长廊

这条长廊全长728米，共273间。1992年它被认定为世界上最长的长廊，并列入“吉尼斯世界纪录”。

德和园大戏楼

它是为清慈禧太后园居、观戏、庆寿而修建，是现存清代宫廷建筑中最大的三层大戏台。

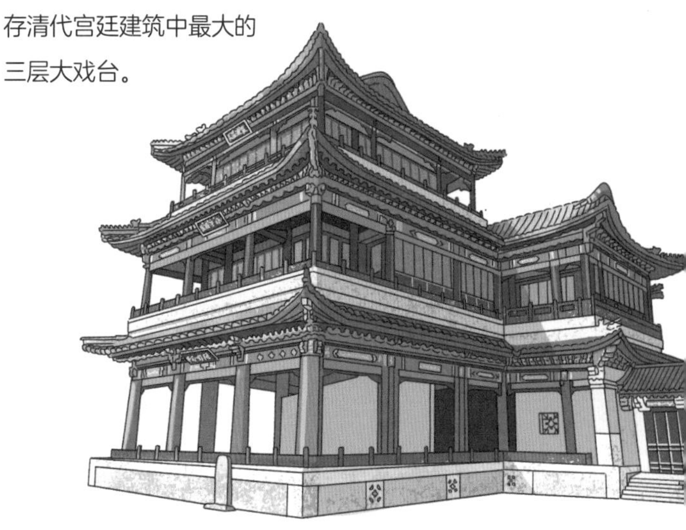

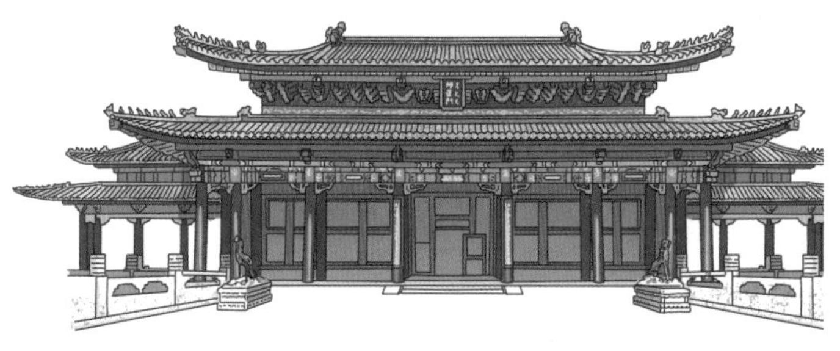

排云殿

它是园内最壮观的建筑，集佛寺和朝殿于一体，是清慈禧太后在园内居住和过生日时接受朝拜的地方。

十七孔桥

它坐落于昆明湖上，由17个桥洞组成。冬至前后，当太阳直射南回归线时，落日的余晖恰好射在所有桥洞的侧壁上，远远看去，就像桥洞内点满了明灯，人们将此现象称为“金光穿洞”。

第四章 坛庙、宗教及陵墓建筑

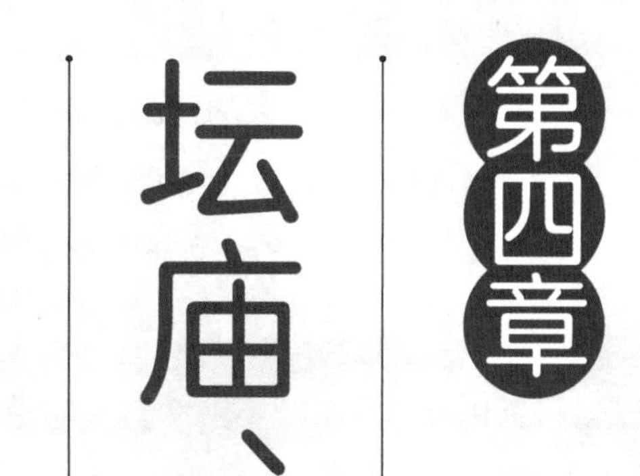

曲阜孔庙

天下第一文庙

山东曲阜，是孔子的故乡。

这里不仅有一座巨大的宫殿式建筑——孔庙；还有世袭了 70 多代的贵族府第——孔府；还有一片比曲阜县城大一倍的园林墓地——孔林。孔庙、孔府、孔林合称三孔，它们是中国最古老、历史渊源最长的一组建筑物之一。

曲阜孔庙，于孔子逝世的第二年（公元前 478 年）开始修建，历代增修扩建，经 2500 余年而祭祀不绝。其整体沿南北中轴线展开布局。

全庙共有九进院落，门坊 53 座，“御碑亭”13 座，殿、堂、坛、阁、门、坊 466 间，规模宏大，气势雄伟，是规模仅次于故宫的古建筑群之一。

世界上一共有 2000 多座孔庙，其中，中国有 1600 多座，其余分布在日本、越南、朝鲜、美国、印度尼西亚、新加坡等诸多国家和地区。它们是中国传统文化的象征。

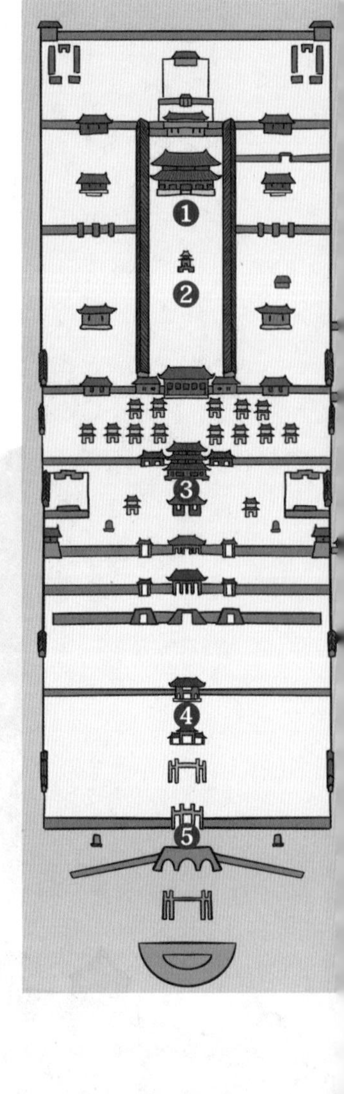

孔子

中国古代著名的思想家、教育家、政治家，儒家学派创始人，他被后人尊为孔圣人，位列联合国教科文组织评选出来的“世界十大文化名人”之首。他曾带领部分弟子周游列国14年，修订《诗》《书》《礼》《乐》《易》《春秋》六经。

碑林

碑林集各代碑石1000多块，碑文多是祭孔、修庙的记录，除汉字外，还有满文和八思巴文（蒙古文字），是我国大型碑林之一。

四大文庙

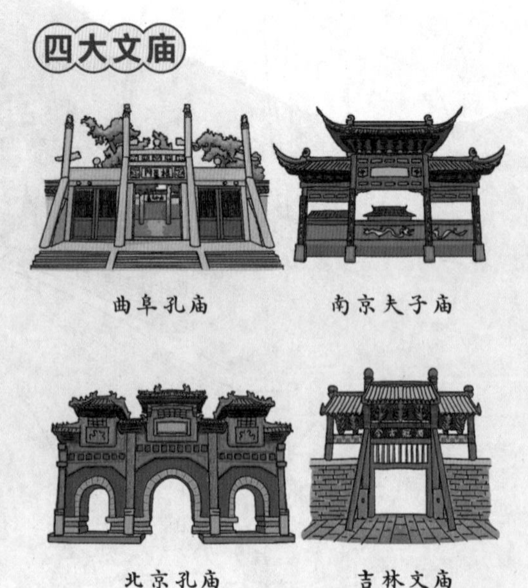

❶ 大成殿

它是孔庙的主体建筑，面阔九间，进深五间。殿内有巨大的孔子塑像，两侧是颜回、曾参、孔伋、孟轲的塑像。

❷ 杏坛

它是孔子讲学之所，在大成殿前的院落正中，因坛周围环植以杏而命名。

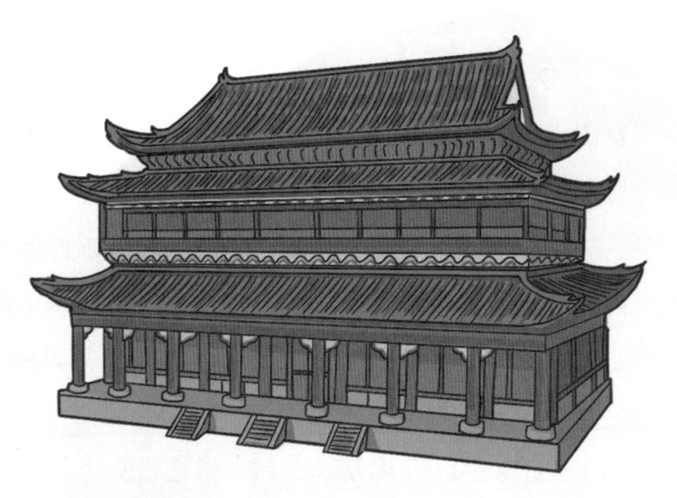

❸ 奎文阁

它是藏书的楼阁。内部有二层阁，上层是专藏历代帝王御赐的经书、墨迹的场所，下层专藏历代帝王祭孔时所需的香帛之物。

❹ 圣时门

它是孔庙的二门，形同城门，有三间门洞，前后石陛御道有明代的浮雕二龙戏珠，游龙翻江倒海，喷云吐雾，气势不凡。圣时门的东西两侧，各立有一座木坊，两坊形制相同。

❺ 棂星门

它是孔庙的大门。古代传说棂星是天上的文星，以此命名寓有国家人才辈出之意，因此古代帝王祭天时首先祭棂星，祭祀孔子规格也如同祭天。

秦始皇陵

世界上最大的地下皇陵

秦始皇，13 岁继承王位，21 岁亲政，之后统一六国，开创帝制，他被誉为千古一帝。秦始皇陵自秦始皇 13 岁登上王位时开始修建，至临死之际尚未竣工。秦始皇的陵墓，更是一座充满神奇色彩的地下“王国”，千百年来，引发了无数猜测与遐想。

秦始皇陵，位于陕西西安以东，南倚骊山，北临渭水，仿照秦国都城咸阳的布局而建，大体呈回字形，是中国历史上第一座皇帝陵园。

陵园可分为地宫、内城、外城、外城以外四个层次。其间有内外两重夯土城垣环绕，城墙四面筑有 10 座高大的门阙。封土为正方形锥体，坐落于内城南部，下为地宫，有九层金字塔做支撑，是整个陵园的核心。它历时 39 年修建，范围广达 60 平方千米，动用工匠最多时近 80 万人，约为修建埃及金字塔人数的 8 倍。

此外，陵中还有无数宫殿与奇珍异宝，陵的周围分布着大量陪葬坑和墓碑。被称为“世界第八大奇迹”的兵马俑，有 8000 余个，千人千面，蔚为壮观。时至今日，世人对秦始皇陵的了解，仅仅为冰山一角。关于它的种种神秘传说，仍然层出不穷。

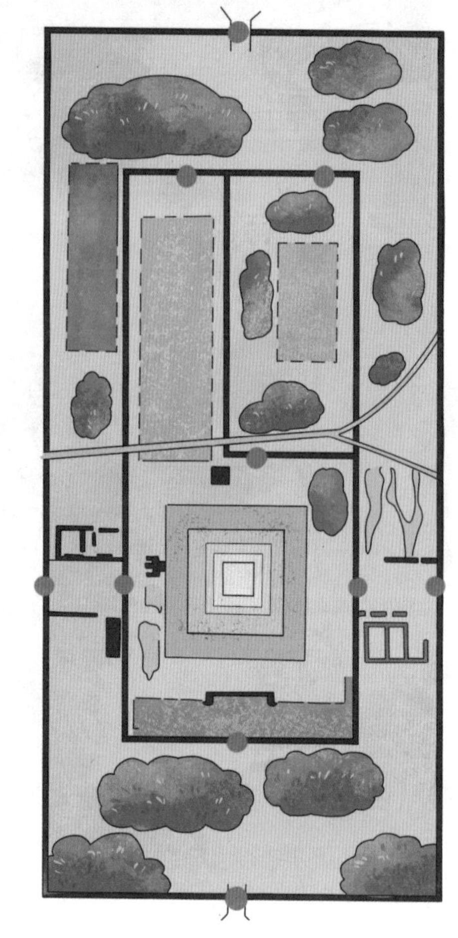

秦始皇陵有内外两重城垣，其中内城垣的周长约3840米，高8—10米。

地宫

它位于封土之下，呈方形，是放置棺椁和随葬器物的地方，为秦始皇陵建筑的核心。

石铠甲坑

它于1998年被发掘，位于秦始皇陵园东南部的内外城之间。该坑总面积13000多平方米，是迄今为止发现的面积最大的陪葬坑，出土有大量密集叠压的、用扁铜丝连缀的石质铠甲和石胄。

兵马俑

秦国强大军队的缩影，个个形象逼真，栩栩如生，可谓千人千面。就连陶马，也是造型逼真，刻画精致自然。

兵马俑坑

它是秦始皇陵的陪葬坑，位于陵园东侧1500米处，于1974年被发掘。目前已发掘3座兵马俑坑，俑坑坐西向东呈品字形排列。坑内出土仿真人真马大小的陶制兵马俑8000余件。兵马俑陪葬坑均为土木混合结构的地穴式坑道建筑，像是一组模拟军事队列、旨在拱卫地下皇城的“御林军”。其中，一号坑为由步兵和战车组成的主体部队，二号坑为步兵、骑兵和车兵穿插组成的混合部队，三号坑则是统领一号坑和二号坑的军事指挥所。

青铜之冠

秦始皇陵园西侧，出土有青铜铸大型车马两乘，为彩绘铜车马“立车”和“安车”，是迄今中国发现的体形最大、装饰最华丽、结构最复杂、系驾最完整的古代铜车马，被誉为“青铜之冠”。

泰山岱庙

中国古代帝王供奉泰山神灵之庙

泰山居于东方齐鲁之地，东望黄海，西临黄河，前瞻孔子故里曲阜，背靠泉城济南，与华山、衡山、恒山、嵩山合称为“五岳”，是中华传统文化中五大名山之一。自秦始皇起，先后有 13 位帝王亲登泰山封禅或祭祀。帝王们举行封禅大典和祭拜的地方，便是处于泰山南麓的岱庙。

岱庙位于山东省泰安市泰山南麓，俗称东岳庙，始建于汉代。岱庙建于南起旧泰安城南门、通天街，北至泰山盘道、南天门的中轴线上。其建筑风格采用帝王宫城的式样，周环 1500 余米，庙内各类古建筑有 150 余间。

整个建筑群以一条南北向的纵轴线为中心横向扩展。遥参亭、岱庙坊、正阳门、配天门、仁安门、天贶（kuàng）殿、后寝宫、厚载门沿中轴线由南向北布局，仁安门与天贶殿之间有东西环廊联系，构成岱庙的中心封闭院落。

其主体宫殿——天贶殿位于高大的双层品级台上，重檐庑殿顶，面阔九间，等级最高；后寝宫面阔五间，单檐歇山顶，低一个等级；配天门、仁安门面阔五间，单檐歇山顶。形成了一个既统一又主次关系分明的整体。

岱庙碑林

碑林现存历代碑刻200余通，时间跨度2000余年，形制各异。

唐槐院

它因院内有唐槐而命名。原树高大茂盛，蔽荫亩许，民国年间枯死。公元1952年在枯槐内植新槐，今已枝繁叶茂，俗称"唐槐抱子"。

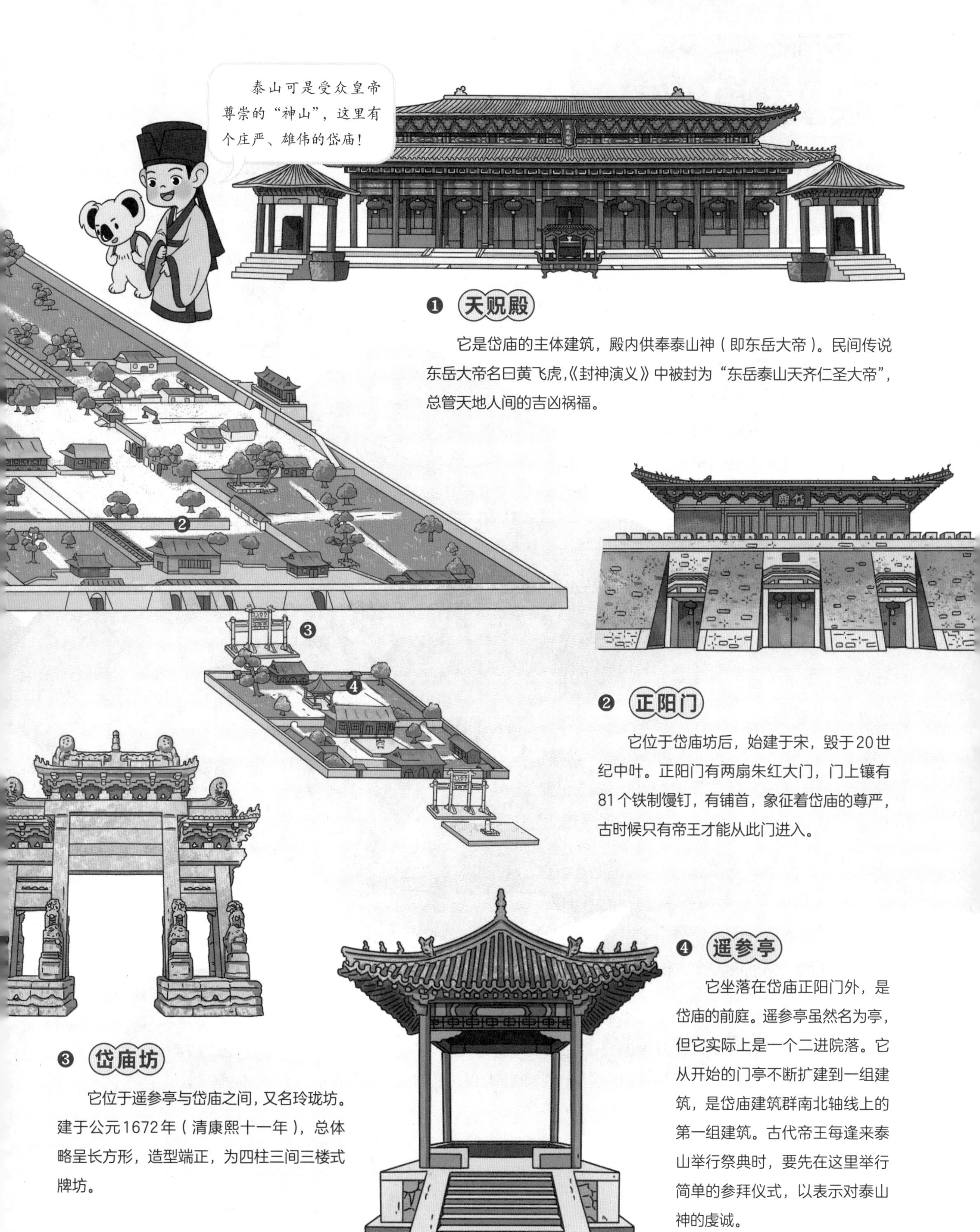

❶ 天贶殿

它是岱庙的主体建筑，殿内供奉泰山神（即东岳大帝）。民间传说东岳大帝名曰黄飞虎，《封神演义》中被封为“东岳泰山天齐仁圣大帝”，总管天地人间的吉凶祸福。

❷ 正阳门

它位于岱庙坊后，始建于宋，毁于20世纪中叶。正阳门有两扇朱红大门，门上镶有81个铁制馒钉，有铺首，象征着岱庙的尊严，古时候只有帝王才能从此门进入。

❸ 岱庙坊

它位于遥参亭与岱庙之间，又名玲珑坊。建于公元1672年（清康熙十一年），总体略呈长方形，造型端正，为四柱三间三楼式牌坊。

❹ 遥参亭

它坐落在岱庙正阳门外，是岱庙的前庭。遥参亭虽然名为亭，但它实际上是一个二进院落。它从开始的门亭不断扩建到一组建筑，是岱庙建筑群南北轴线上的第一组建筑。古代帝王每逢来泰山举行祭典时，要先在这里举行简单的参拜仪式，以表示对泰山神的虔诚。

敦煌莫高窟

大漠戈壁中的佛学殿堂

在河西走廊西端，鸣沙山东麓断崖上，大泉河谷旁，沉睡着一个千年的世界。

莫高窟始建于十六国的前秦时期，历经十六国、北朝、隋、唐、五代、西夏、元等历代的兴建，形成巨大的规模。据记载，公元 366 年，僧人乐僔路经此山，忽见金光闪耀，如现万佛，于是便在岩壁上开凿了第一个洞窟。莫高窟建造了千年，亦留存了千年。

现尚存有壁画和雕塑作品的共 492 窟，计 4.5 万多平方米壁画，3000 余身彩塑像，1 个藏经洞（今编号为第 17 窟）……异域的宗教与我国的绘画、雕塑艺术，成就了一场规模宏大的视觉盛宴。

从东晋乱世，到隋唐盛世，石窟里的壁画，与外界不断变幻的风云遥遥呼应。人间的故事，信仰的生活，都生动地再现于这个如真似幻的世界。人们将最美的时光、最美的艺术，封存在了敦煌大漠里，它是一个巨大的宝库。

画师

画师大致分为三类：一类是僧官，有一定的社会地位，但为数不多；一类是画僧，他们是僧侣，也会作画，人数较前者略多；最后一类便是纯粹的画工，他们游走四方，居无定所，在洞窟里作画，也在洞窟里起居，一旦完工，就再也看不到他们的身影了。

第220窟

活灵活现的维摩诘。

第220窟开凿于初唐。石窟东壁门两侧，画有维摩诘和文殊菩萨进行辩论的场景。维摩诘正在高谈阔论，他的对手文殊菩萨则神色安稳，仿佛早已洞察到维摩诘的全部心思。

第259窟

佛陀的隐秘微笑。

窟北壁下层龛，由里向外数第三龛的禅定佛，至今已静静微笑了1600余年。与其相视，就仿佛呼吸瞬间静止，随后，才又慢慢舒出第一口气。

第285窟

中西共存之美。

在第285窟里一定要抬头观看它的方形覆斗形天井穹顶。中西风格合并的绘画，让整个穹顶美妙得仿佛正在旋转一样。

看得见摸得着的千年历史

弥勒佛坐像

瞻仰大佛的双手手势：右手上扬作“施无畏印”，意为拔除众生的痛苦；左手平伸作“与愿印”，意为满足众生的愿望。

莫高窟位于丝绸之路要冲，既有中原风情，又别具西域特色。它是中国开凿时间最久，洞窟数量最多的石窟，更是一段看得见摸得着的千年历史。在南北1700米长的断壁上，700多个石窟如蜂巢般散落其中。其中492个石窟里布满了色彩鲜艳的壁画，共有4万多平方米。假如把它们全部铺在地面，将超过20座故宫太和殿的占地面积。

九层楼是莫高窟的著名石窟之一，它位于崖窟的中段，依山而建，攒尖高耸，檐牙错落，檐角系铃，随风作响。其木构为土红色，洞窟空间下部大而上部小。窟内供奉着一尊巨型弥勒佛像，30多米高，由石胎（以石为胎，将山体凿出基本形态）泥塑彩绘而成。而三层楼则是莫高窟最大的背屏式洞窟，也是为数不多的窟中窟。三层楼背靠的洞窟也就是第16窟，窟呈方形，顶为覆斗顶，四壁不开佛龛，室中心设方形或马蹄形佛坛，坛后有大型通顶的背屏。窟前依崖建有三层木构窟檐。在窟甬道的北壁上，还有一个3米见方的小窟，是举世闻名的藏经洞，也就是第17窟。这里曾经堆满了写本经卷、文书、织绣、绘画和佛像绢幡、印花织物、拓本等稀世古物，只可惜如今大部分已流散世界各地……

九层楼

它是第96窟窟外木构建筑之俗称。它是莫高窟最大的建筑物，也是莫高窟的标志。窟内的弥勒佛坐像是中国国内仅次于乐山大佛和荣县大佛的第三大坐佛。

三层楼

第16窟窟前建有三层木构窟檐，俗称“三层楼”，是为数不多的窟中窟，系公元851—862年（晚唐大中五年至咸通三年），由一名吴姓河西都僧统所建。

第158窟

第158窟位于九层楼左侧中部，开凿于中唐，窟内有最大的“涅槃”像。整身佛像头南脚北横躺，神情安详平静。此外，在涅槃像周围描绘了号啕大哭的弟子、沉着冷静的菩萨以及百态众生的举哀图。

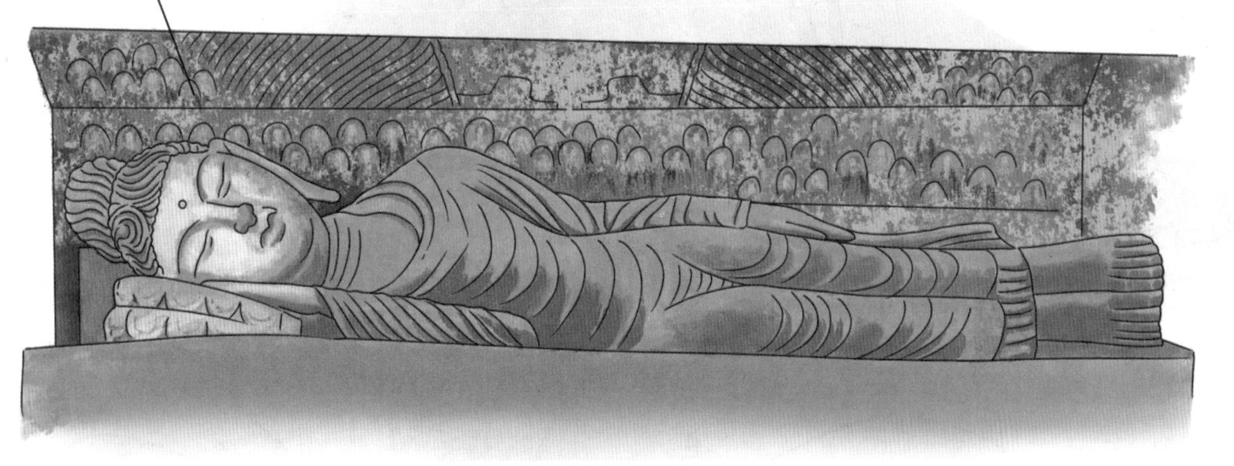

第257窟

第257窟建于北魏时期，窟内以描绘九色鹿王救人故事的壁画《鹿王本生图》最为知名，这一壁画的故事后来被改编为动画片《九色鹿》。

嵩岳寺塔

华夏第一塔

提起嵩山，你会想到什么？少林寺？其实，这里还有一处非常著名的建筑——嵩岳寺塔。它以其特有的数个“中国唯一”而享誉世界，距今已 1500 年。

嵩岳寺塔屹立于郑州嵩山南麓峻极峰下嵩岳寺内，初建于公元 523 年（北魏正光四年），现塔院内大雄宝殿及两侧的伽蓝殿、白衣殿均为清代所建，唯嵩岳寺塔建于北魏时期，是中国现存最古老的砖塔，由塔基、塔身、密檐和塔刹四部分构成。

塔上下用浑砖砌就，外涂白灰，内为阁楼式，外为密檐式。底层转角用八角形倚柱，门楣及佛龛上采用拱券式建筑结构。各层檐间的高度向上逐层递减，檐宽逐层收缩，构成一条漂亮的抛物线。

它是中国唯一一座十二边形的佛塔，也是全国少有的 15 层密檐古砖塔，堪称孤例。由嵩岳寺塔开始，密檐塔在中国逐步形成独特的风格，并在唐代、辽代成为佛塔的主要类型。

站在塔下仰望，只见密密麻麻的小块青砖，凌空攀高而上，直冲云霄。

全塔由数百万块小青砖加糯米浆拌黏土砌筑而成。

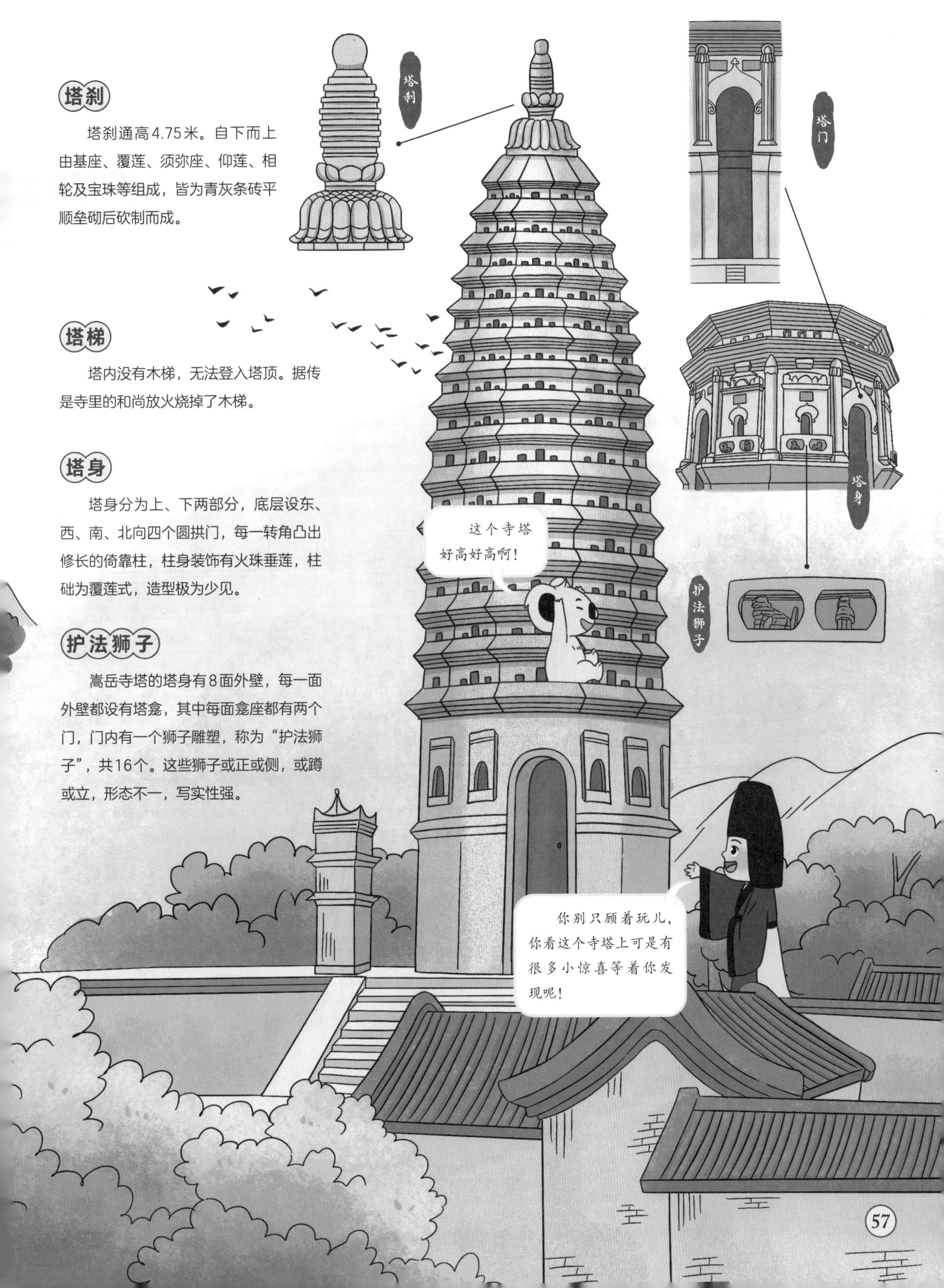

塔刹

塔刹通高4.75米。自下而上由基座、覆莲、须弥座、仰莲、相轮及宝珠等组成，皆为青灰条砖平顺垒砌后砍制而成。

塔梯

塔内没有木梯，无法登入塔顶。据传是寺里的和尚放火烧掉了木梯。

塔身

塔身分为上、下两部分，底层设东、西、南、北向四个圆拱门，每一转角凸出修长的倚靠柱，柱身装饰有火珠垂莲，柱础为覆莲式，造型极为少见。

护法狮子

嵩岳寺塔的塔身有8面外壁，每一面外壁都设有塔龛，其中每面龛座都有两个门，门内有一个狮子雕塑，称为“护法狮子”，共16个。这些狮子或正或侧，或蹲或立，形态不一，写实性强。

布达拉宫

世界屋脊上的明珠

清晨，当太阳从拉萨东面的石头山冈升起，第一缕阳光，总是最先洒向布达拉宫。

这座拉萨城中最高的建筑，始建于公元 7 世纪松赞干布时期，傲然挺立于玛布日山之上。历经 1300 多年的岁月，形成了占地 40 万平方米的参天宫殿。

整个建筑群依山垒砌、群楼重叠、飞檐金顶、气势磅礴，宛若一座天空之城。整座宫殿具有藏式风格，高 200 余米，外观 13 层，其中高 115.7 米的红宫居中而立，白宫横贯两翼，由于它起建于山腰，大面积的石壁又屹立如峭壁，使建筑仿佛与山冈融为一体，气势雄伟。

红宫

它位于布达拉宫的中央位置，外墙为红色。宫殿采用了曼陀罗布局，围绕着历代达赖喇嘛的灵塔殿建造了许多经堂、佛殿，与白宫连为一体。

扎夏

它位于红宫西侧，与白宫相连，是为布达拉宫服务的喇嘛们的居所。

唐卡： 它是最有藏族特征，用彩缎装裱，画在绢、布或纸上的卷轴画。布达拉宫保存有近万幅唐卡，最长的可达几十米。

白宫

白宫，高七层，因外墙为白色而得名。

日光殿

日光殿的主要部分是寝宫，位于白宫的最顶层。

东大殿

它位于白宫第四层，是宫内最大的殿堂，坐床典礼、亲政典礼等重大活动都在此举行。

法王殿

它处在布达拉宫的正中位置，下面就是玛布日山的山尖。据说这里曾经是松赞干布的静修之所，现供奉着松赞干布、文成公主、赤尊公主以及大臣们的塑像。

德央厦

白宫外部有“之”字形的上山蹬道。东侧的半山腰有一块宽阔的广场，被称作德央厦，是观看戏剧和举行户外活动的场所。

雪城

它是宫墙内的山前部分，分布着法院、印经院等办事机构，还有作坊、马厩、供水处、仓库、监狱等宫廷辅助设施。

武当山古建筑群

挂在悬崖峭壁上的故宫

武当山，位于湖北省十堰市西北部丹江口市，又名太和山，古有太岳之称，为四大道教名山之一。

山脉之中，绵延70余千米的古建筑群，按照真武修仙的故事统一布局，采用皇家建筑规制，形成了“五里一庵十里宫，丹墙翠瓦望玲珑，楼台隐映金银气，林岫回环画镜中”的“仙山琼阁”的意境，被誉为“挂在悬崖峭壁上的故宫”。

武当山古建筑群始建于唐贞观年间，主要由9宫、9观、36庵堂、72岩庙、39桥、12亭等构成。其整体布局以天柱峰金殿为中心，以官道和古神道为轴线向四周辐射。所有建筑都倚山就势，虽为人造，却宛若天成，具有一种玄妙神秘之美。

南岩宫

它位于独阳岩下，山势飞翥，状如垂天之翼，以峰峦秀美而著名。现保留有天乙真庆宫石殿、两仪殿、龙虎殿等建筑共21栋。

太和宫

太和宫又叫金殿，俗称金顶，位于武当山最高峰天柱峰南侧，占地面积8万平方米，有古建筑20余栋，主要由紫禁城、古铜殿、金殿等建筑组成。

琼台观

建筑群包括上观、中观、下观，有24座道院，100多间庙房，大部分已被废弃。现存有元朝建的中观石殿和上、下观遗址。

治世玄岳牌坊

它又名“玄岳门”，是进入武当山的第一道门户。治世玄岳牌坊的每一构件、配件都是用石灰岩雕凿，柱、额、枋、阑、斗拱、屋宇皆为仿木质的石质结构，用榫卯拼接的方式组装而成。造型肃穆大方，装饰华丽，雕刻有多种人物、动物、花卉的图案，堪称明代石雕艺术的佳作。

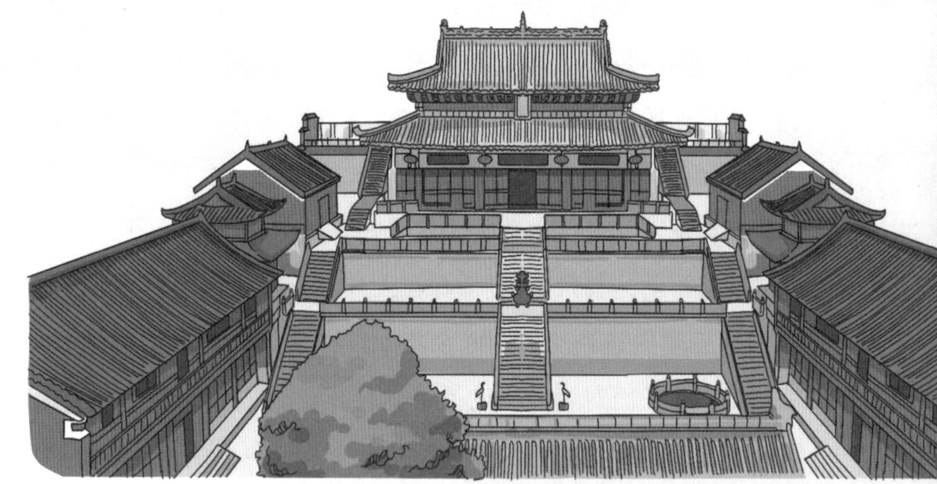

紫霄宫

它是武当山古建筑群中规模最为宏大、保存最为完整的一处建筑。主体建筑紫霄殿是武当山最具代表性的木构建筑，殿内有柱子36根，供奉玉皇大帝塑像。

五龙宫

它位于天柱峰以西的五龙峰山麓，灵应峰下，前为金锁峰，右绕磨针涧。它是武当山建筑最早、别具一格而又引人入胜的八宫之一。

复真观

它又名太子坡，按照真武修炼的故事而建。利用狮子峰的特殊地形，顺依山势的回转建起犹如波浪起伏的夹道墙，被称为九曲黄河墙。

明十三陵

史上规模最大的皇陵建筑群

明十三陵，位于北京市昌平区天寿山南麓，陵区面积约 120 平方千米，错落有致地分布着明代 13 位皇帝的陵墓。明朝开国皇帝朱元璋，葬于南京紫金山南麓，称“明孝陵”。第二帝朱允 ，因其叔父朱棣以“靖难”为名发兵打到南京而不知所踪，所以没有陵墓。第七帝朱祁钰，因其兄英宗皇帝朱祁镇被瓦剌军队所俘后继了帝位。后英宗被放回，搞了一场“夺门之变”，又做了皇帝。朱祁钰被害死，以“王”的身份被葬于北京西郊玉泉山。这样，明朝十六帝有两位葬在别处，一位下落不明，其余 13 位都葬在天寿山，所以称为“明十三陵”。

十三陵的建造历时 200 余年，工程浩大。巍峨的边墙和陡峭的山势相连，从东、西、北三面对陵区构成了完整的屏障。正门开在南端，蟒山、虎峪山嵯峨于两侧，恰似一龙一虎在守卫。一条神道，位于中轴线上，蜿蜒曲折长近万米，直通各陵。各陵皆以一座山峰为背景自成格局，规模不一，形制相同。十三陵主要建筑依次为陵门、祾恩殿、棂星门、石五供、明楼和宝城。

神道

它由石牌坊、大红门、碑楼、石像生、龙凤门等组成。初建时单属于首陵——长陵，但当一代代皇帝相继谢世，一座座陵墓在长陵两侧相继建立起来以后，都和这条神道相通，于是神道成为诸陵所共有。

它位于神道中央，是一座歇山重檐、四出翘角的高大方形亭楼，为长陵所建。

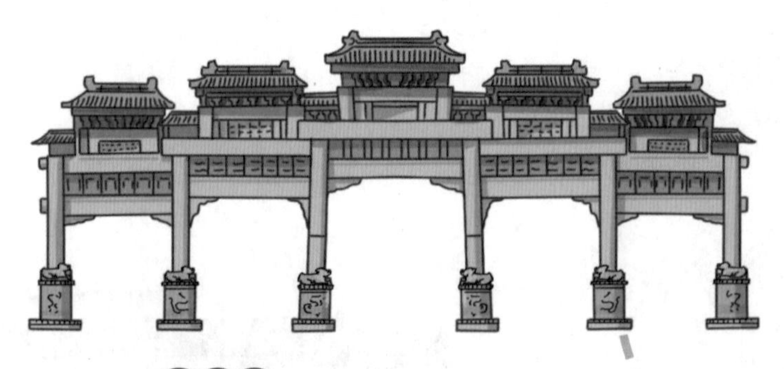

❶ 石牌坊

它位于神道中央，是一座歇山重檐、四出翘角的高大方形亭楼，初为长陵所建。

❷ 大红门

它是十三陵的正门，左右各有龙、虎二山把门。门右侧立有“下马碑”，从前不论帝、后、大臣等，到此必须下马步行进入陵区，以体现皇祖们的崇高与尊严。

陪葬墓

明十三陵的陪葬墓共有8座，其中7座妃嫔（太子）墓，1座太监墓。

❹ 石像生与龙凤门

陵前放置的石雕人、兽，古称石像生。从碑亭北的两根六角形的石柱起，至龙凤门（神路两边的棂星门，不过比一般坛庙等建筑所设更精致）止的千米神道两旁，排列着24只石兽和12个石人，造型生动，雕刻精细。

长陵

它位于天寿山主峰南麓，是明第三帝明成祖朱棣（年号永乐）和皇后徐氏的合葬陵寝。

北京五坛

北京五坛之天坛

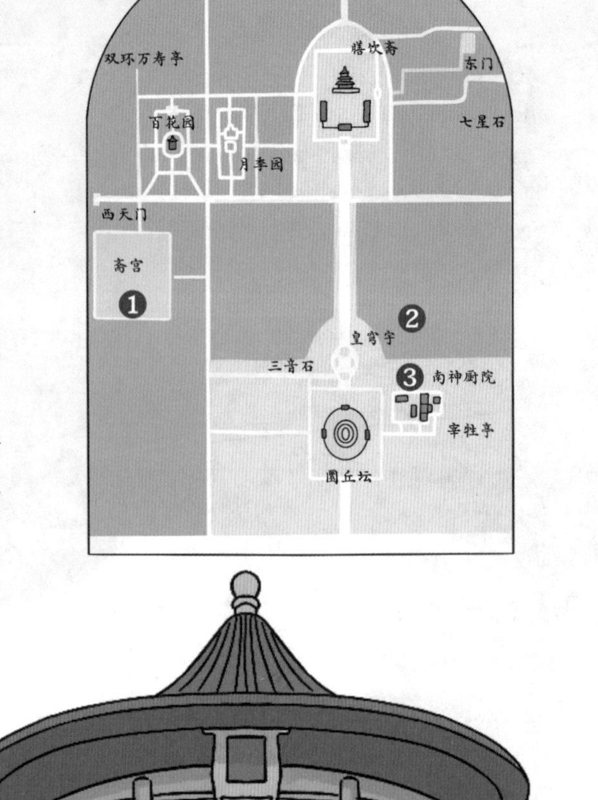

古人在感知到四季循环、昼夜交替之后，形成了“天为圆”的观念。当人们将对“天”的敬畏寄托在“圆”上时，中国的古建筑里，便出现了一种敬畏自然的“圆”，用来象征王权天赐。

天坛，位于北京城南的中轴线东侧，是明清皇帝“祭天”“祈谷”的场所，占地面积约为273万平方米，约等于紫禁城的4倍。坛域北呈圆形，南为方形，寓意“天圆地方”。四周环筑坛墙两道，将全坛分为内坛、外坛两部分。

内坛以墙分为南北两部分。北为祈谷坛，中心建筑是祈年殿。南为圜丘坛，中心建筑是圜丘。两坛之间以丹陛桥相连，形成一条南北长1200米的天坛建筑轴线，两侧为大面积古柏林。

❶ 斋宫

它是皇帝举行祭天大典前进行斋戒的场所，位于祈谷坛西南隅。

❷ 皇穹宇

它是供奉圜丘坛祭祀神位的场所。皇穹宇内雕梁画栋，其殿内斗拱与藻井的跨度在中国古建筑中也可以称得上是独一无二的。

❸ 南神厨院

它位于圜丘坛东，坐北朝南，院门南开，主要建筑有神库、神厨、井亭，是圜丘坛冬至祭天大典之前制作各种祭品的场所。

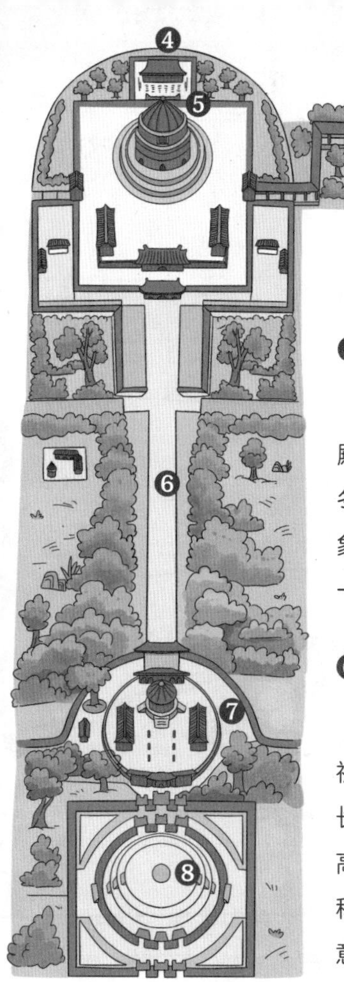

❹ 皇乾殿

它坐落在祈年殿以北，是一座庑殿式大殿，殿顶覆盖蓝色的琉璃瓦，下面有汉白玉石栏杆的台基座。它是平时供奉祈谷坛祭祀正位和配位神版的殿宇。

❺ 祈年殿

殿高38.2米，直径24.2米，用于合祀天、地。殿最中间4根“龙井柱”，象征一年的春、夏、秋、冬四季；中间12根大柱比龙井柱略细，名为金柱，象征一年的12个月；外层12根柱子叫檐柱，象征一天的12个时辰。

❻ 丹陛桥

它是连接圜丘坛与祈谷坛的轴线，是一条长 360 米、 宽 30 米、高4米的砖砌大道，又称“海墁大道”。它寓意着上天庭要经过漫长的道路。

你求错地方了，这里是皇帝祈求风调雨顺、国泰民安的地方，我带你去看一看吧！

保佑我这次考试得满分吧！

❼ 回音壁

它是皇穹宇院落周围的圆形围墙。这里的墙采用磨砖对缝拼接，光滑平整，对声波的传播十分有利，所以当人们分别站在东西配殿的后面靠近墙壁轻声讲话，对方仍然可以非常清楚地听见。

❽ 圜丘坛

它是举行冬至祭天大典的场所，俗称祭天台。这里的登坛石阶、各层台面石和石栏板的数量，均采用“九”和“九”的倍数，以应“九重天”。通过对“九”的反复运用，以强调天的至高无上的地位。

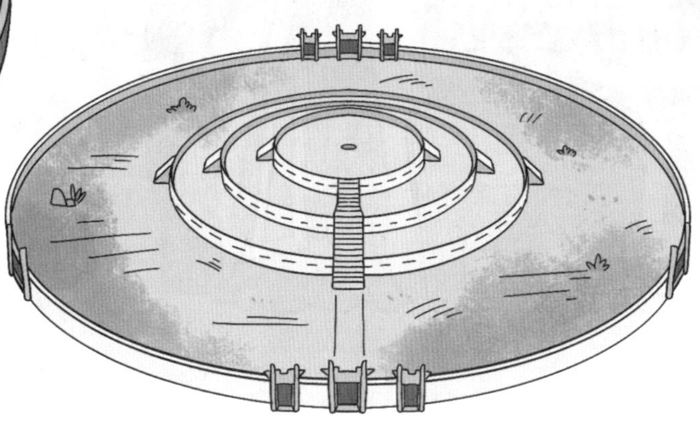

北京五坛之地坛、日坛、月坛、先农坛

在北京，除了天坛，还有地坛、日坛、月坛、先农坛。它们一起被称为“北京五坛”，是皇家祭祀文化的见证者。

五坛，依照人们对天、地、日、月、山川、神农等的敬畏与崇拜而建，对称分布在故宫的东南西北，日坛在东，月坛在西，地坛在北，天坛在南偏东，先农坛在南偏西。从地图上看，它们是相距甚远的五个点，却都是“皇家祭祀文化”不可或缺的组成部分。

地坛，遵照“天圆地方”的传统而建，从平面的构成到墙圈、拜台，都由一系列不同的方形组成。

日坛，坛为方形，西向，由白石砌成。坛面明代为红琉璃，清代改为金砖，以象征太阳。

月坛，园内建筑多以“月”为主题呈现，坛面也以白色琉璃铺砌，象征洁白的月亮。

先农坛，由内外两重围墙环绕，主要建筑有先农坛、太岁殿和观耕台等。

明清时期，每逢特定时节，皇帝都会带领文武百官去往各坛举行相应的祭祀仪式，祈求“风调雨顺，国泰民安”。

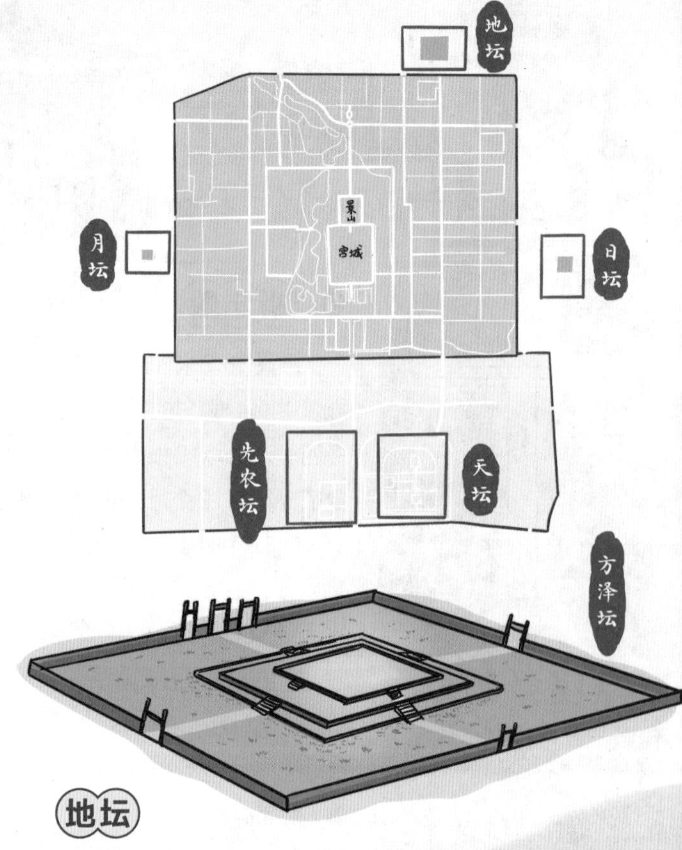

祭祀为华夏礼典的一部分，也意为敬神、求神和祭拜祖先。祭祀有严格等级，天神地祇由天子祭，诸侯大夫祭山川，士庶只能祭祀祖先和灶神。五坛也应运而生。

地坛则是夏至之日，祭祀皇地祇的地方，最早叫方泽坛。跟天坛一样，地坛也分内坛和外坛。坛内也设有神库、宰牲亭、钟楼、斋宫等建筑。因“天为阳，地为阴”的说法，地坛坛面所铺的石头均为偶数。

日坛

它是春分之日，祭祀太阳神的地方。由朝日坛、具服殿、玉馨园、马骏墓等构成。祭台为白石砌成的一层方台，正西有白石棂星门三座，其余三面各一座。西棂星门正对的外坛至西天门为神路，是帝王祭日的必经之路。

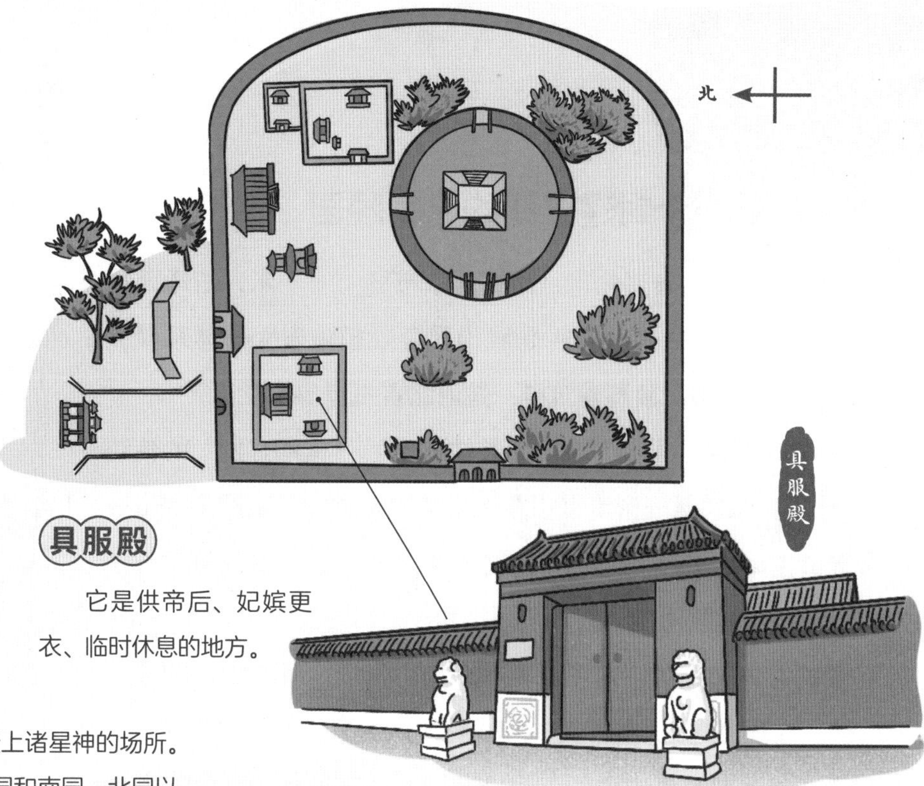

具服殿

它是供帝后、妃嫔更衣、临时休息的地方。

月坛

它是秋分之日，祭祀月神和天上诸星神的场所。于1955年辟为公园，全园分为北园和南园，北园以红砖绿瓦的古建筑和规则式的道路为特征；南园则以山石水池、迂回曲折的园路组成一个自然山水园的格局。

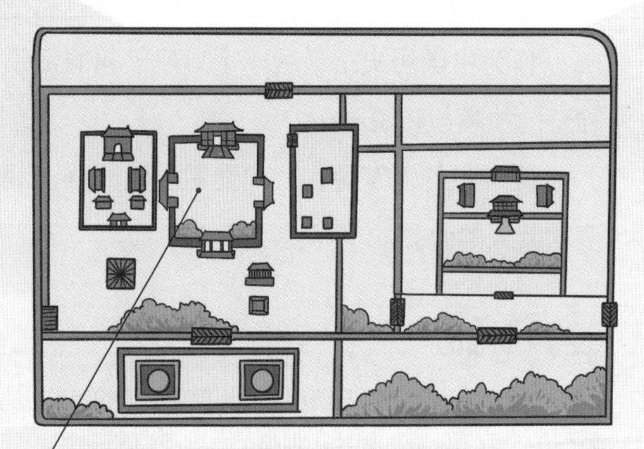

先农坛

它是祭祀山川、神农等诸神的重要场所。先农坛用于祭祀先农和举行籍田典礼；天神地祇坛用于祭祀大地和山川等自然神；太岁殿是一组雄伟的建筑群，用于祭祀太岁。另外，内坛观耕台前原有一亩三分耕地，为皇帝行籍田礼时亲耕之地。

清东陵

中国最后一个封建王朝的皇家陵园

清东陵位于河北省遵化市，西距北京市区 125 千米，占地面积约 80 平方千米，有 15 座陵寝，是我国现存规模最宏大、体系最完整、布局最得体的帝王陵墓建筑群，是河北首批世界文化遗产。

15 座陵寝按照“居中为尊”“长幼有序”“尊卑有别”的传统观念设计排列。入关第一帝清世祖顺治皇帝的孝陵位于南起金星山、北达昌瑞山主峰的中轴线上，其位置至尊无上，其余皇帝陵寝则按辈分的高低，在孝陵两侧呈扇形东西排列。

各陵的总体布局为“前朝后寝”，均由宫墙、隆恩殿、配殿、方城明楼及宝顶等建筑构成。其中方城明楼为各陵园最高的建筑物，内立石碑，碑上刻有墓主谥号。明楼之后为“宝顶”，其下方是停放灵柩的“地宫”。

作为中国历史上最后一个封建王朝的帝王后妃陵墓，这里有着神奇的故事与传说……

谜一般的清东陵，就如迷雾晨曦一样，起起伏伏，若隐若现，牵动着人的心弦。

孝陵神路

它南起金星山下的石牌坊，北到昌瑞山下的宝城、室顶，沿朝山、案山、靠山的三山连线，将孝陵的数十座建筑相贯穿，形成陵区建筑中轴线。全长约6千米，是清陵中最长的神路。

菩陀峪定东陵

它是清慈禧太后的陵寝。据《爱月轩笔记》记载，该墓中含有大量的奇珍异宝。这些宝贝在清慈禧太后入葬地宫后仅20年就被军阀孙殿英盗空了。

孝东陵

孝东陵是清顺治帝的皇后——孝惠章皇后的陵墓，该陵内还埋葬了28位清顺治帝的妃、格格、福晋，形成了皇后陵兼妃园寝的局面。

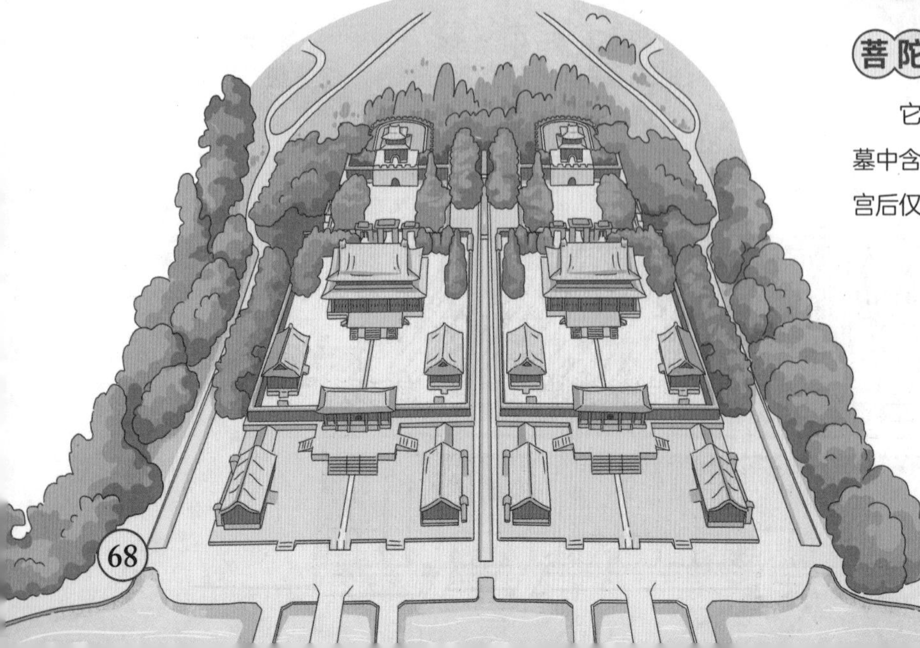

裕陵地宫

它是清乾隆皇帝的陵寝，其地宫由九券四门（清代陵制规定皇帝陵的地宫规定）构成。从第一道石门开始，所有的平水墙、月光墙、券顶和门楼上都布满佛教题材的石雕图案。

景陵妃园寝

这是第一座妃园寝，也是埋葬人数最多的一座妃园寝，多达50座宝顶（每个宝顶下埋葬一人），但特殊的是这里埋葬了一位皇子，还有一个空券宝顶。

孝陵石牌坊

它是中国现存面阔最宽的石牌坊，仿木结构形式，五间六柱十一楼，全部用巨大的青白石构筑而成。经过两次大地震，300多年仍完好无损。

孝陵七孔拱桥

它是等级最高的一种石桥，清东陵中只有孝陵内有一座。

城市设施性建筑及其他建筑

黄鹤楼

文人墨客神往之地

黄鹤楼自古便有“天下绝景”之美誉，与晴川阁、古琴台并称为“武汉三大名胜”，与湖南岳阳的岳阳楼、江西南昌的滕王阁并称为“江南三大名楼”。

东汉末年，三国相争。连接东、西、南、北的水陆交通要地汉水，成了人人争抢的宝地。吴国孙权抢占先机，在江边的蛇山上修了一座小城，取名夏口；在城角上，修了一座军事楼，是为黄鹤楼。

唐朝开元年间，一位名叫崔颢的诗人，登上了黄鹤楼，正值日落黄昏，江上烟波浩渺。感慨之间，他挥笔写下了绝世名句——“日暮乡关何处是，烟波江上使人愁”，开启了一楼一人的高光时刻。

在命运的考验里，黄鹤楼既承受过赞不绝口的辉煌，也经受过尘土蒙面、荒草遮体的凄凉。仅明清两代，就被毁 7 次。1884 年，一场意外的大火，更是让它化为灰烬。

1985 年，黄鹤楼再次重建。新修的黄鹤楼主体为四边套八边形体，谓之四面八方；通高 51.4 米，由 72 根圆柱支撑；楼上有 60 个翘角向外延伸，楼外有铸铜黄鹤造型、胜像宝塔、牌坊、轩廊、亭阁等建筑环绕。远远观望，只见各层大小屋顶交错重叠，翘角飞举，仿若展翅欲飞的鹤翼。

它屹立在城市的高处，也潜藏在每个人的内心深处。日日夜夜，俯瞰着三镇风光与滚滚长江。

建筑特色

黄鹤楼外观五层，内部实际有九层。八方飞檐上的鹤翼造型体现了黄鹤楼的独特文化，使建筑与文化完美结合。

黄鹤楼

〔唐〕崔颢（hào）

昔人已乘黄鹤去，此地空余黄鹤楼。
黄鹤一去不复返，白云千载空悠悠。
晴川历历汉阳树，芳草萋萋鹦鹉洲。
日暮乡关何处是，烟波江上使人愁。

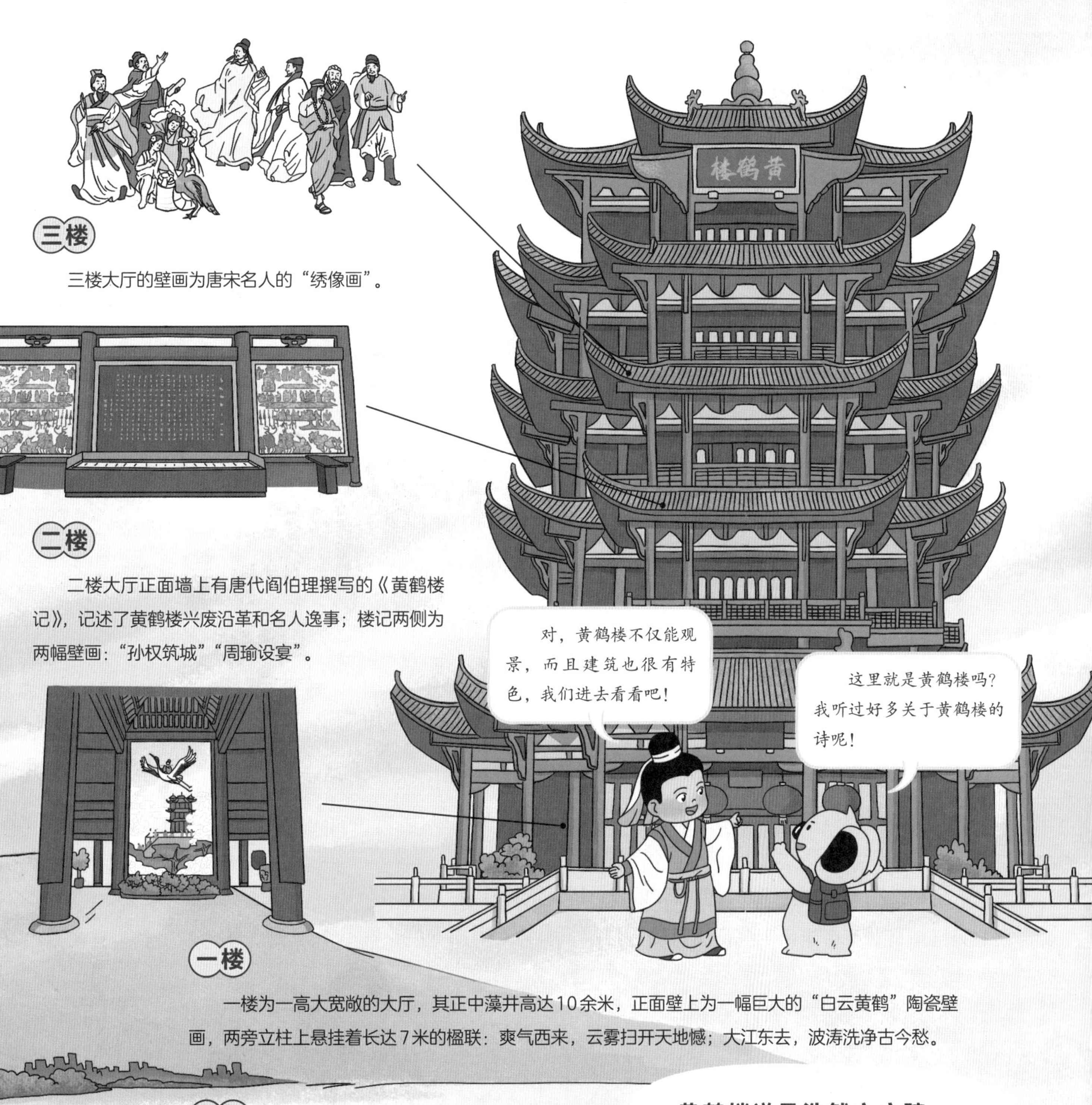

三楼

三楼大厅的壁画为唐宋名人的“绣像画”。

二楼

二楼大厅正面墙上有唐代阎伯理撰写的《黄鹤楼记》，记述了黄鹤楼兴废沿革和名人逸事；楼记两侧为两幅壁画：“孙权筑城”“周瑜设宴”。

一楼

一楼为一高大宽敞的大厅，其正中藻井高达10余米，正面壁上为一幅巨大的“白云黄鹤”陶瓷壁画，两旁立柱上悬挂着长达7米的楹联：爽气西来，云雾扫开天地憾；大江东去，波涛洗净古今愁。

诗词

自古以来，黄鹤楼就以登高极目的佳境和千古名楼的文化意蕴不断吸引着文人墨客，其中，以崔颢的《黄鹤楼》和李白的《黄鹤楼送孟浩然之广陵》最为出名。

黄鹤楼送孟浩然之广陵

〔唐〕李白

故人西辞黄鹤楼，烟花三月下扬州。

孤帆远影碧空尽，唯见长江天际流。

赵州桥

3.81 米　2.85 米

天下第一桥

中国是桥的故乡。在这片古老苍劲的大地上，有着各式各样的桥。或几个石墩，或几条石板，或拱如圆月，纵横交错于山水之间，倒映于波光粼粼的水面。

赵州桥，位于河北省赵县城南的洨河之上，是一座空腹式的圆弧形石拱桥。建于隋开皇年间，由匠师李春设计建造，距今已有1400多年历史，是世界上现存最早、保存最完整的巨大石拱桥。其拱上加拱的“敞肩拱”的运用，为世界桥梁史上的首创。千余年的时间里，赵州桥经历了10次水灾，8次战乱和多次地震，仍然坚固如初。

赵州桥全桥长64.4米，拱顶宽9米，设有1个大拱和4个小拱。大拱的弧形桥洞犹如一张弯弓，由28道拱圈纵向并列砌筑而成。每道拱圈都可独立支撑上方重量，避免因其受损而影响其他拱圈。大拱两侧各有2个小拱，既减轻了流水对桥身的冲击，又减轻了桥身重量，节约了石料。

全桥结构匀称，与四周景色相和相融。桥面宽阔平缓，中间行车马，两旁走行人。桥面两侧有石栏，刻有唯美精致的图案。

华北四宝

河北民间将赵州桥与沧州铁狮子、定州开元寺塔、正定隆兴寺菩萨像合称为“华北四宝”，也称“河北四宝”。

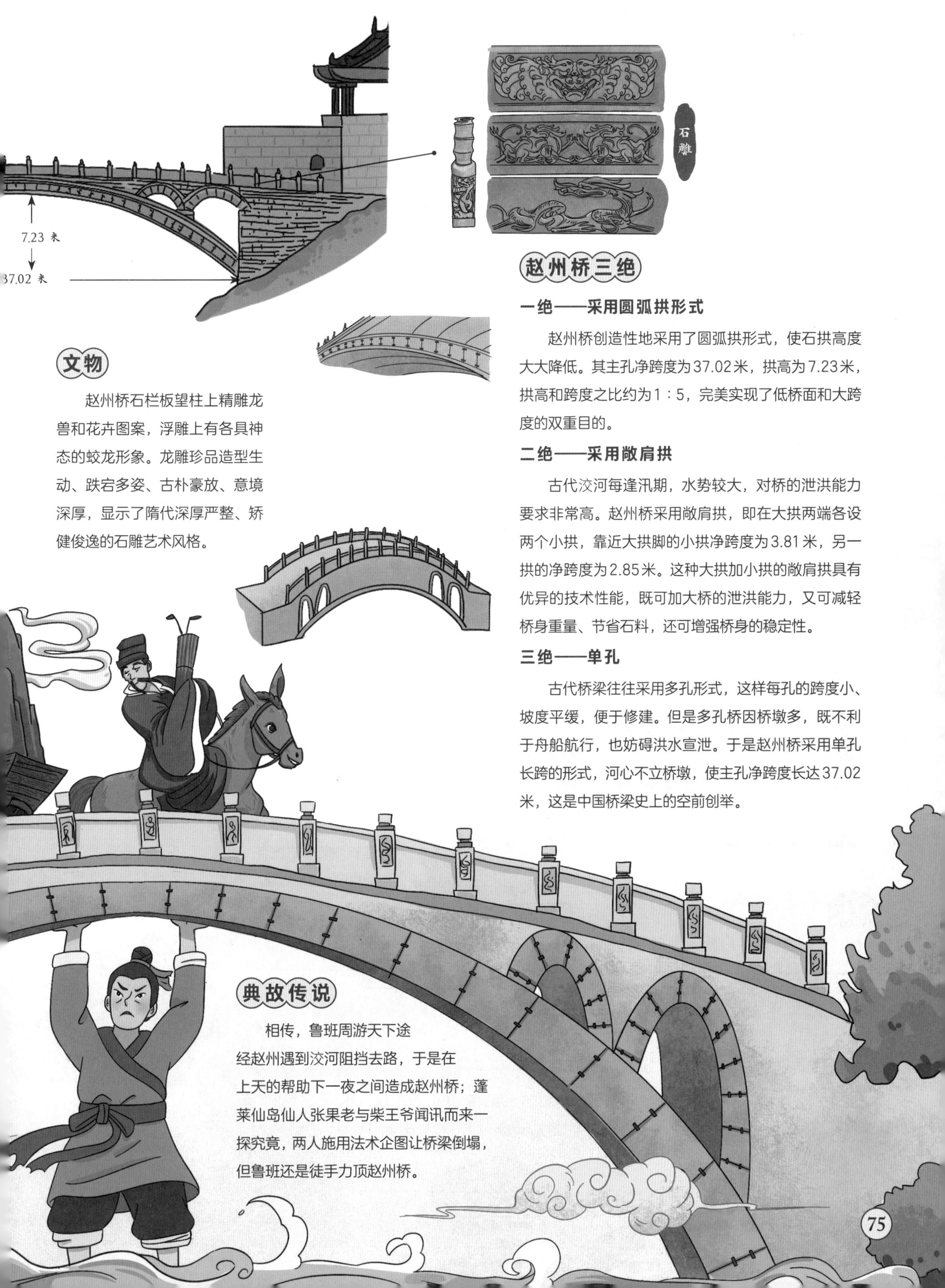

文物

赵州桥石栏板望柱上精雕龙兽和花卉图案，浮雕上有各具神态的蛟龙形象。龙雕珍品造型生动、跌宕多姿、古朴豪放、意境深厚，显示了隋代深厚严整、矫健俊逸的石雕艺术风格。

赵州桥三绝

一绝——采用圆弧拱形式

赵州桥创造性地采用了圆弧拱形式，使石拱高度大大降低。其主孔净跨度为37.02米，拱高为7.23米，拱高和跨度之比约为1∶5，完美实现了低桥面和大跨度的双重目的。

二绝——采用敞肩拱

古代洨河每逢汛期，水势较大，对桥的泄洪能力要求非常高。赵州桥采用敞肩拱，即在大拱两端各设两个小拱，靠近大拱脚的小拱净跨度为3.81米，另一拱的净跨度为2.85米。这种大拱加小拱的敞肩拱具有优异的技术性能，既可加大桥的泄洪能力，又可减轻桥身重量、节省石料，还可增强桥身的稳定性。

三绝——单孔

古代桥梁往往采用多孔形式，这样每孔的跨度小、坡度平缓，便于修建。但是多孔桥因桥墩多，既不利于舟船航行，也妨碍洪水宣泄。于是赵州桥采用单孔长跨的形式，河心不立桥墩，使主孔净跨度长达37.02米，这是中国桥梁史上的空前创举。

典故传说

相传，鲁班周游天下途经赵州遇到洨河阻挡去路，于是在上天的帮助下一夜之间造成赵州桥；蓬莱仙岛仙人张果老与柴王爷闻讯而来一探究竟，两人施用法术企图让桥梁倒塌，但鲁班还是徒手力顶赵州桥。

明长城

世界上最伟大的长墙

在中国北方，横亘着一道高大、坚固而连绵不断的长垣，它仿佛一条巨龙翻过高山，跨过平原，穿越良田美池，环绕着村庄城镇。它被称为万里长城，是世界上修建时间最长、工程量最大的一项古代防御工程。

春秋战国时期各国为了防御，各在形势险要的地方修筑长城。秦、汉等各代为了抵御游牧民族的侵袭，都曾修筑过长城。不过，要属明代修建的长城最为经典。

明长城是明朝在北部地区修筑的军事防御工程，亦称边墙。东起鸭绿江畔的虎山长城，经过山海关，一路绵延至甘肃省嘉峪关，全长约 6300 千米，横跨从东部辽宁省到西部甘肃省的多个省区。建筑材料上，使用更为坚固的砖石砌筑。城墙之上，修有枪眼、垛口、垛台、礌石孔等作战装置。长城横跨的交通要道上，增设了大量的关隘。长城沿线，设置了一系列军事辖区，史称九边重镇。聚居区内，又慢慢筑起了城堡及护城河。

千百年来，它如一部史诗，见证过太多的故事和传奇……

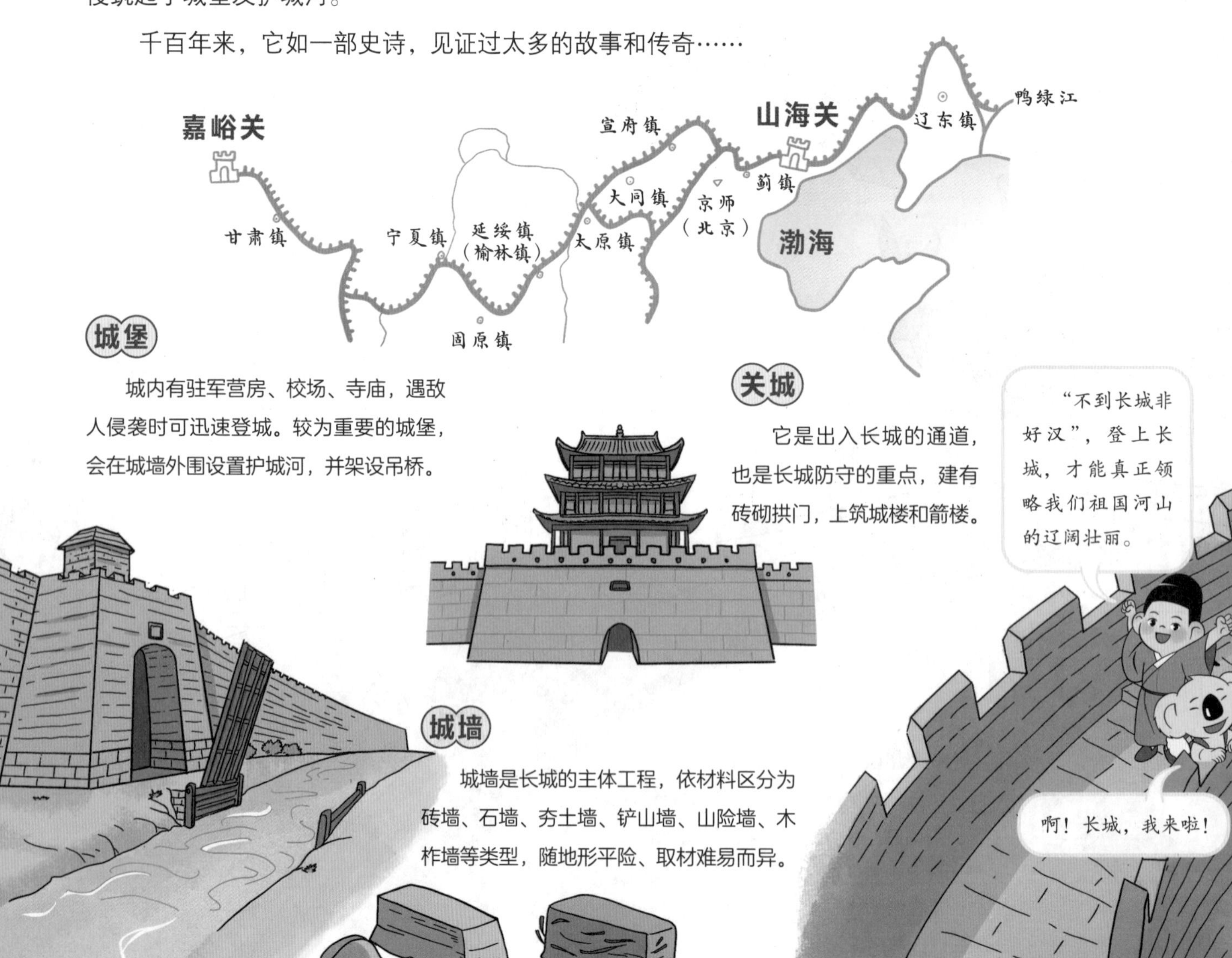

城堡

城内有驻军营房、校场、寺庙，遇敌人侵袭时可迅速登城。较为重要的城堡，会在城墙外围设置护城河，并架设吊桥。

关城

它是出入长城的通道，也是长城防守的重点，建有砖砌拱门，上筑城楼和箭楼。

城墙

城墙是长城的主体工程，依材料区分为砖墙、石墙、夯土墙、铲山墙、山险墙、木柞墙等类型，随地形平险、取材难易而异。

烽火台

烽火台也称烟墩，多建于长城内外的高山顶，是一种白天燃烟，夜间点火以传递军情的建筑物。

司马台长城

它位于北京市密云区北部古北口镇，是一段保留了明长城原貌的古长城。

墙台

长城上约间隔300米设一座墙台，建于墙外，墙台台面与城墙顶部相平，并于墙台上建铺房，供守城士卒巡逻时遮风避雨。墙台外砌有垛口，用于对攻城之敌进行射击。

棠樾牌坊群

中国独一无二的牌坊群

安徽黄山脚下的歙（shè）县棠樾村，是鲍氏聚族而居的村落，也是著名的“中国牌坊第一村”。

在村口的青石板道上，七座气宇轩昂的石牌坊，过街楼似的横跨道路两边，一座接一座构成月牙式的弧形，堪称一道独一无二的风景线。

七座牌坊，其中三座建于明代，四座建于清代，皆是皇帝为旌表棠樾村民的“忠孝节义”气节而准予建造，勾勒出封建社会伦理道德的概貌。

古牌坊周围，伴以古祠堂、古民居、古亭阁等建筑，衬着秀丽的山光水色与田园风光，刻画出一幅气势恢宏的“徽州古建三绝图”。

如今，封建时代文化传统中的糟粕已经被大家摒弃，但古建筑留了下来，作为当时工匠们的智慧结晶，被瞻仰和欣赏。

祠堂

它是旧时供奉祖先的地方，又用作族里开会和教书之地。祠堂墙上有许多画，一幅画就是一个故事、一段历史，有着丰富的象征意义。棠樾牌坊群旁有两座祠堂。一座是鲍氏支祠，又名敦本堂，俗称男祠；另一座是鲍氏妣祠，又名清懿堂，俗称女祠。

乐善好施坊

它建于公元1820年（清嘉庆二十五年）。据载，棠樾鲍氏家族当时已有“忠”“孝”“节”牌坊，独缺“义”字坊。鲍氏家族的鲍漱芳，从其父起，已掌握着两淮盐业的命脉。但他为富后不忘仁，洪泽湖决堤，捐银捐米，修筑湖堤、河堤；黄淮水灾，他又力请公捐粮；改六塘河以开山归海，他又集众输银（送钱）；在国家有难时，他还捐钱为安徽、江苏、浙江三省发了三年军饷，故得此牌坊。

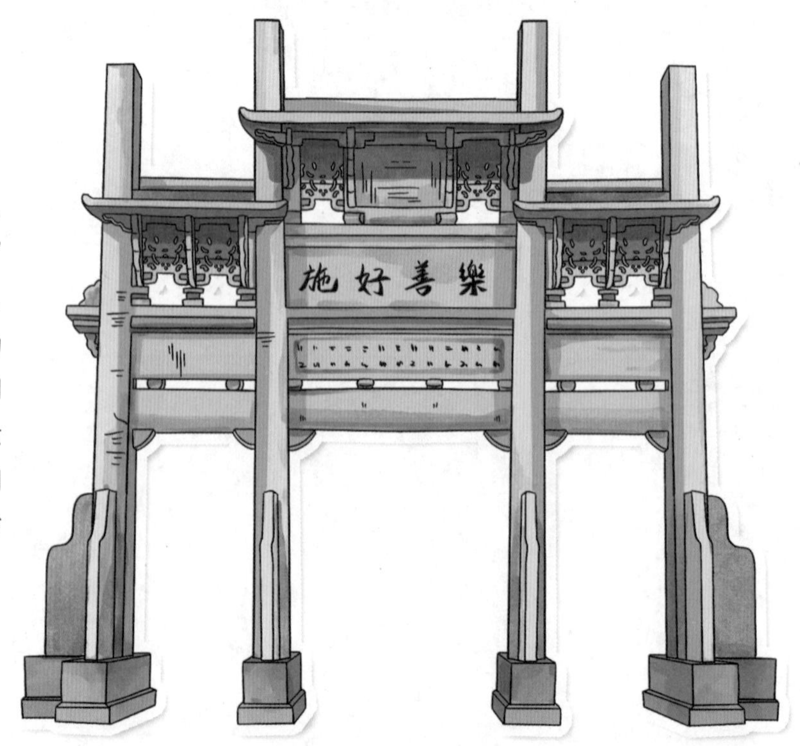

牌坊

它又称牌楼，一种中国特有的门洞式建筑，旧时多用来褒扬功德，旌表忠孝节义的人物。

棠樾村

棠樾村属安徽省黄山市歙县，以牌坊群而闻名。清乾隆下江南时曾誉棠樾村为“慈孝天下无双里，衮绣江南第一乡”。

徽州古建三绝

徽派建筑兴起于徽州，流行于江南地区。民居、祠堂、牌坊，因其独特的布局结构、营造装饰，被誉为古建三绝。